U0276683

逻辑与形而上学教科书系列

递归论

算法与随机性基础

郝兆宽 杨睿之 杨 跃 著

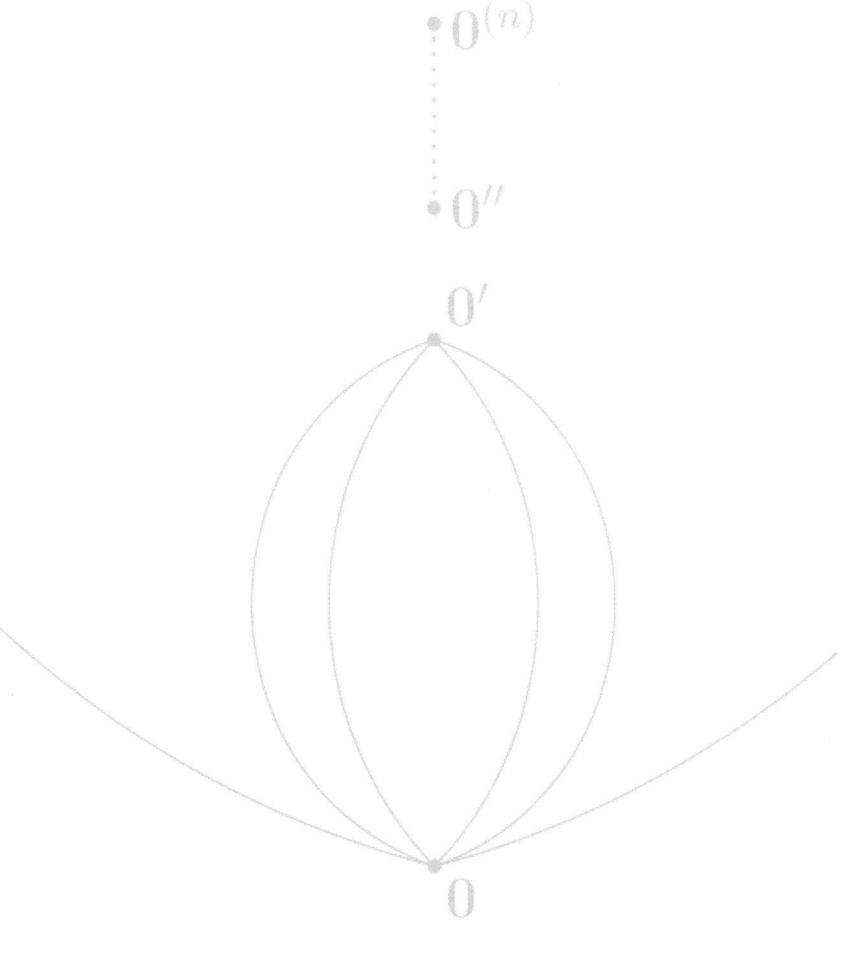

復旦大學 出版社

引言

递归论是数理逻辑的四大分支之一，创立于 20 世纪 30 年代。促使递归论产生的一个重要因素是想要解决数学中的判定问题，即：是否存在一个算法统一地解决某类数学问题。例如，数理逻辑中有“一个语句是否为谓词演算的定理”这样的判定问题，这里人们关心的不是哪一个具体的语句（如 $\forall x \exists y (x \neq y)$）是不是定理，而是关心是否有一个统一的算法，无论我们将哪一个语句输入给它，它都能回答我们该语句是否是定理。对判定问题的回答（特别是否定的回答）直接导致了对算法和对相对可计算性的严格定义。

随着研究的深入，从 20 世纪 50 年代起，递归论的研究范围逐渐扩大，关注点从可计算性扩展到对一般意义上的复杂性、构造性和可定义性等。如今的递归论与逻辑学的其他分支（如集合论、模型论和证明论）和理论计算机科学都有紧密的联系。它的影响也渐渐深入到数学各个分支中与构造性有关的部分。在哲学中有关心灵与机器、人工智能和认识论方面的讨论，也越来越多地涉及递归论里的概念，如图灵机和丘奇论题等。

递归论简介

算法及其严格定义

人们对算法的研究由来已久。在古代中国和古希腊就有了算法概念，并且给出了算法的例子，如欧几里得求最大公约数的辗转相除法。但是有些问题经过了长时期的研究，还是找不到解决它们的算法。例如，希尔伯特第十问题、群的字问题，以及上面提到的谓词演算中的任一语句是否为一定理的问题，等等。因此数学家们猜想可能根本不存在解决这些问题的算法。但要想证明这一点，却不能依赖朴素直观的算法概念。只有一个严格定义的、能作为数学对象处理的算法概念，才有可能回答“某类问题的算法不存在”这样的问题。

在 20 世纪 30 年代，人们成功地找到了算法的数学定义，而且是多个。这些定义背后的思想各不相同，表述方式也不一样，但令人惊奇的是它们所定义的是同一个函数类。这些定义方式背后的概念有递归函数、λ-演算、图灵机、正规算法等。

递归函数的概念源于哥德尔，如今的递归函数类的定义也含有厄布朗和克林尼的一些深刻想法。递归论（recursion theory）就是递归函数论（theory of recursive functions）的简称。λ-演算由丘奇在 1928 年引入，经过（包括克林尼和罗瑟在内，他们当时是丘奇的研究生）一系列修正和改进，在 20 世纪 30 年代中叶形成了 λ-可定义函数的概念。丘奇认为 λ-可定义函数就是算法可计算函数的精确数学描述，这一观点被称之为“丘奇论题”。不久克林尼证明了递归函数和 λ-可定义函数的等价性，这对丘奇论题是一个支持。但由于λ-演算从表面上看不很自然，所以这一论题没能立即得到包括哥德尔在内的多数人的认同。

1936 年，英国数学家图灵引进了著名的图灵机来描述算法，继而证明了图灵可计算函数和递归函数的等价性。由于图灵机的定义起源于图灵对算法直观经验的精确分析，这就大大增强了丘奇论题的说服力，哥德尔就是在见到图灵机的定义后才接受了丘奇论题的。今天，人们普遍认同丘奇论题，即一切直观上算法可计算的函数都是递归函数。另外值得一提的是，图灵的想法直接导致了现代计算机的产生。在本书的第一章，我们会仔细介绍递归函数、图灵机和丘奇论题。

利用算法的精确定义，我们可以把可判定问题等同于自然数的一类子集，称为“递归集”；把算法可产生集精确描述为“递归可枚举集”（见第一章 1.6 节）。可以证明，一切递归集都是递归可枚举集。但是存在不是递归集的递归可枚举集。例如，停机问题所对应的集合

$$K = \{e : \text{第 } e \text{ 台图灵机对输入 } e \text{ 停机}\}$$

就是非递归的递归可枚举集。通过将 K 归约到上面提到的几个长期未能找出算法的问题，人们就证明了它们是不可判定的。因为如果有判定它们的算法，通过归约就能改造成判定停机问题的算法，而这是不可能的。这些都是递归论的重要成就。

不可解的度及其结构

既然存在算法不可判定的集合，那么自然会问这些不可判定集合的复杂程度是否都是一样的？这就需要给出度量不可解程度的办法。换句话说，对集合 A 和 B，我们想依照某种标准 r 来比较它们之间的复杂程度，即研究在 r 的意义下 A 是否比 B 更容易计算。粗略地说，如果在 r 的意义下 A 比 B 容易计算，则称“A 可以 r-归约到 B”，记作 $A \leq_r B$。在 r 的意义下，计算复杂度相同的集合就形成了所谓的“r-度”。由于标准不同，递归论中研究了很多不同的归约以及相应的度，如多一归约 $\leq_m$、一一归约 $\leq_1$、真值表归约 $\leq_{tt}$、弱真值表归约 $\leq_{wtt}$、图灵归约 $\leq_T$、枚举归约 $\leq_e$、超算术归约 $\leq_h$ 等。但其中最经典的是图灵归约。因此，人们通常谈论的不可解度一般指的就是“图灵度”。在第三章里我们会介绍多一度和图灵度。

图灵在 1939 年利用带信息源的图灵机严格定义了相对可计算性的概念（Turing, 1939）。考察自然数的子集 A 和 B，我们称“A 图灵归约于 B”（或“A 递归于 B”，或“A 相对于 B 可计算”），如果有一台带信息源 B 的图灵机，对输入 x，该图灵机在计算过程中，可以随时向信息源询问“y 是否属于 B”这样的问题，并根据信息源的回答来决定下一步计算怎样进行，最终在有限步内给出 x 是否属于 A 的答案。我们用“$A \leq_T B$”表示“A 图灵归约于 B”，用“$A \equiv_T B$”表示“$A \leq_T B$ 且 $B \leq_T A$”。容易看出 $\equiv_T$ 是一个等价关系，集合 A 所在的等价类称为 A 的图灵度，记作 $\deg(A)$。所有图灵度的集合记为 $\mathcal{D}$。$\leq_T$ 自然诱导出度上的一个偏序关系 $\leq$，即：如果 $A \leq_T B$，则定义 $\deg(A) \leq \deg(B)$；自然我们也有定义：如果 $A \leq_T B$ 且 $B \not\leq_T A$，则 $\deg(A) < \deg(B)$。如果集合 A 具有某某性质，则称 $\deg(A)$ 为某某度。例如，如果 A 是递归可枚举的，则称 $\deg(A)$ 为一递归可枚举度。一切递归集形成一个度，用 $\mathbf{0}$ 表示，它是最小的图灵度。停机问题 K 的图灵度用 $\mathbf{0}'$ 表示，我们称 $\deg(K)$ 为完全的递归可枚举度。因为 K 不是递归集，故有 $\mathbf{0} < \mathbf{0}'$。

1944 年波斯特在美国数学会做了题为“正整数上的递归可枚举集及其判定问题”的讲演，同年成文发表（Post, 1944）。波斯特在文章中提出了是否存在既不递归也不完全的递归可枚举图灵度这一问题，后来被称为“波斯特问题”。波斯特讨论了几种典型的归约方法，例如，多一归约 $\leq_m$，真值表归约 $\leq_{tt}$ 和图灵归约 $\leq_T$。他证明了在这几种归约下，停机问题 K 在递归可枚举集中都具有最大的不可解度。通过构造单集和超单集，波斯特找到了既不递归又与 K 的度不同的递归可枚举多一度和真值表度。但他没能找到这样的递归可枚举图灵度。波斯特问题直接影响了接下来十几年递归论的发展。在本书的第三章，我们会仔细介绍多一归约、波斯特单集的构造，以及图灵度和递归可枚举度的基本性质。

从 1944 年波斯特的文章开始，递归论的中心就是研究各种不可解度，尤其是研究图灵度$(\mathcal{D}, \leq)$ 这一偏序结构。这既包括对所谓整体结构（对 $\mathcal{D}$ 本身），也包括对局部结构（研究 $\mathcal{D}$ 的某一部分，如递归可枚举度等）的研究。

我们在此顺便介绍一下图灵度方面的研究现状。整体结构研究中比较重要的问题及结果有：

(1) 图灵度理论的可判定性问题。令 $\mathrm{Th}(\mathcal{D})$ 表示图灵度的理论，即所有在 $(\mathcal{D}, \leq)$ 成立的偏序语言上的语句的集合。1977 年辛普森证明了 $\mathrm{Th}(\mathcal{D})$ 与二阶算术的理论是递归同构的，从而完全刻画了图灵度整体结构理论的复杂性。对于图灵度结构理论的片段，施梅尔证明了图灵度的 Σ_3 理论是不可判定的。莱尔曼和肖尔独立证明了 Σ_2 理论是可判定的（Lerman, 1983, 157–159）。

(2) 图灵度上的齐性问题。通过计算的相对化，任何一个图灵度的问题都能自然转换成一个图灵度大于某个度 $\mathbf{a}$ 的问题。这样自然产生了图灵度是否齐性的问题，即是不是对所有的图灵度$\mathbf{a}$，$\mathcal{D}$ 限制在 $\mathbf{a}$ 之上的结构都是一样的。1979 年，肖尔证明了如果一个度 $\mathbf{a}$ 是足够复杂的（如大于克林尼的 $\mathcal{O}$），则 $\mathcal{D}$ 限制在 $\mathbf{a}$ 之上与 $\mathcal{D}$ 本身不仅不同构，甚至不是初等等价的（Shore, 1979）。

(3) 图灵度中哪些集合是可以（仅用偏序的语言）定义的？1984 年约库什和肖尔证明了算术度构成的理想在图灵度中是可定义的。斯莱曼和肖尔于 1999 年在斯莱曼和武丁工作的基础上证明了图灵跃迁算子在图灵度结构中是可定义的。

(4) 图灵度是否是刚性的，即是否存在图灵度的非平凡自同构？斯莱曼和武丁证明了图灵度结构的自同构群至多有可数多个元素，并且任何自同构在 $\mathbf{0}''$ 之上都是恒同的。刚性问题迄今为止依然悬而未决，可以说是递归论中最重要的尚未解决的问题。

局部结构研究的结果因关注点的不同而不同。我们这里只列举一些关于递归可枚举度的重要结果：

(1) 穆奇尼克（1956）与弗里德伯格（1957）独立证明了存在既不递归也不完全的递归可枚举度，从而肯定地回答了波斯特问题。他们在证明中创造了（有穷损害）优先方法。

(2) 萨克斯（1964）证明了递归可枚举度的稠密性；于是引发了肖恩菲尔德猜想（1965），认为递归可枚举度是一个具有最大和最小元的“稠密”上半格，用精确的模型论语言来说就是可数饱和的上半格。肖恩菲尔德猜想一定程度上代表了当时对递归可枚举度结构的认识，即它是简单且分布均匀的，除了最小和最大的度之外，其他的度都没有多大差别。后来结果证明实际情形完全不像最初想象的那样。

(3) 1966 年，拉赫兰和耶茨独立证明了极小对的存在，即存在下确界是 $\mathbf{0}$ 的非零递归可枚举度 $\mathbf{a}$ 和 $\mathbf{b}$，从而，否定了肖恩菲尔德的猜想。他们的证明利用了无穷损害优先方法。

(4) 1966 年，拉赫兰和耶茨独立证明了递归可枚举度不形成一个格。

(5) 1975 年，拉赫兰证明了非分裂定理，创造了 $\mathbf{0}'''$-损害方法。

(6) 1982 年，哈林顿和沙拉赫证明了递归可枚举图灵度结构的理论是不可判定的，从他们的结果开始，人们渐渐认为递归可枚举度会是一个非常复杂的结构。兰普、尼茨和斯莱曼在 1998 年证明了递归可枚举度的 Σ_3 理论是不可判定的。关于递归可枚举图灵度的 Σ_2 理论是否可判定仍然未知。

(7) 哈林顿和斯莱曼、斯莱曼和武丁、尼茨和肖尔以及斯莱曼先后用不同的编码方法证明了递归可枚举度的理论与一阶算术理论是递归同构的，因此完全刻画了递归可枚举度理论的复杂性。

(8) 尼茨、肖尔和斯莱曼证明了递归可枚举度中除了低度之外的跃迁类都是可定义的。但递归可枚举度低度是否在递归可枚举图灵度中可定义仍然未知。

与 20 世纪 60 年代完全相反，人们现在猜测递归可枚举度的理论可以与一阶算术互释。如果真是这样，则说明递归可枚举度结构的复杂程度是它所能达到的最高程度，但这一猜想尚未得到证明。

回到递归论的历史。波斯特问题促使人们寻找构造递归可枚举集和其他可定义集的新方法。1952 年波斯特和克林尼创造了带信息源的递归构造办法，部分地解决了波斯特问题。他们的方法是后来集合论中力迫法的先声。之后不久，弗里德伯格（1957）和穆奇尼克（1956）各自独立地创造了有穷损害优先方法，肯定地回答了波斯特问题。从 60 年代开始，算术中的力迫法和优先方法经过人们的不断的改进，渐渐成为整体图灵度和递归可枚举度研究中最有利的工具。在第四章，我们会介绍波斯特和克林尼以及弗里德伯格和穆奇尼克的证明。

经典递归论之外的内容

经典递归论主要研究自然数子集的可计算性和度。除此之外，递归论还有很多很有趣的其他研究方向。但由于牵涉术语太多，我们在此只能点到为止。可以说递归论从诞生开始，它的研究范围就超出了经典递归论。例如，图灵就研究过实数上的计算。20 世纪 50 年代末，斯佩克特、萨克斯和克林尼等人将递归论研究的论域以及可计算性的概念进一步拓展，拓展后的领域可以笼统地称为广义递归论（generalized recursion theory），其中很大一部分可以称为高远递归论（higher recursion theory）。一方面，人们将研究的论域推向更高的类型，考虑实数上的或者泛函的可计算性；或者将论域从自然数集 ω 拓展到可容许序数（admissible ordinal）上，α-递归论就是研究可容许序数上的可计算性和 α-度的性质；另一方面，人们从二阶算术或集合论的角度重新审视自然数子集的性质，从新的角度看，算术分层或图灵归约等就显得太细了，我们需要离研究对象远一些，才能从宏观的角度看到更多的东西。这方面经典的例子是克林尼证明了超算术集实际上就是 Δ_1^1 集，从而在更大的尺度上建立了可计算性与可定义性的对应。超算术集、解析集和投影集是递归论和描述集合论研究对象的交集。在高远递归论的领域内，萨克斯和他的弟子们在 20 世纪 70 和 80 年代做了大量开创性的工作，形成了萨克斯学派。

在递归论的应用方面，递归论学界也一直不停地试图用递归论的工具来解决其他数学领域的问题，如同当年解决希尔伯特第十问题那样。随着计算机的发展，以及对构造性证明的兴趣要求把古典数学能行化。以尼罗德为首的递归论学家在这方面做了大量的工作。他们把古典数学的基本概念算法化，然后考虑哪些数学定理可以成立，哪些无法成立。递归模型论也可以看作是同一主题的变奏。递归论在计算机科学里的应用主要是用于计算复杂性理论。起初是把图灵机作为研究计算复杂性的模型考虑计算的时间、空间复杂性。继而基于递归论，再加上适当的公理，又建立了抽象计算复杂性理论。虽然到现在为止，这些努力尚未取得所期待的成果，但 21 世纪以来递归论在反推数学、算法随机性以及丢番图逼近上的成果又令人燃起新的希望。值得一提的是，递归论在不同领域中的应用为递归论本身注入了新的活力。在第五章我们会以算法随机性为例，看看递归论与其他学科是怎样相互促进、共同发展的。

课程大纲

本教材可以提供一学期课程的容量，构成递归论的入门课程。着重点在于介绍概念，而将递归论中技术性强的内容留给后续课程。在本课程中，我们将介绍可计算性和算法随机性的概念。有趣的是，每个概念都有若干个截然不同然而又相互等价的定义。我们也介绍基本的递归可枚举集的性质，以及不可解度的知识。

第一章 可计算性

在这一部分，我们将介绍递归论的基本概念：可计算性。这一部分与

《数理逻辑：证明及其限度》（郝兆宽，杨睿之，杨跃，2014）一书的第七章有重复。只是为了内容的完整性才将它写入。读过《数理逻辑：证明及其限度》一书的读者，可以只看“递归定理”和“递归可枚举集”这两节。

第二章 不可判定问题

在这一章，我们首先讨论了停机问题，这是最为典型的不可判定问题。借助将停机问题“归约到”某一问题 **Q**，我们可以证明很多问题的不可判定性。随后我们引入了指标集的概念，并证明了莱斯定理。

这一章其余部分全部用来讲述希尔伯特第十问题，这也许是数学史上最著名的一个不可判定问题。我们给出了马季亚谢维奇定理（定理 2.2.11）的完整证明，供有兴趣的读者参考。

第三章 归约、度和算术分层

我们在第二章已经引入了多一对约和一一归约的概念，本章开始部分是对这两者基本性质的研究，核心是迈希尔的两个定理，一个是一一等价与递归同构的等价性，另一个是一一完全与多一完全的等价性。在这一过程中我们引入了创造集和产生集的概念。随后我们讨论了关于多一度的波斯特问题，并借助单集概念给出了肯定的回答。

本章第二个内容是介绍图灵归约和图灵度的概念。在证明了这个递归论核心概念的基本性质后，我们还讨论了跃迁算子，以及一些常见的不可判定集合的度。

本章最后讨论了算术分层问题，证明了波斯特分层定理和肖恩菲尔德极限引理（定理3.3.8），并讨论了 Σ_2 和 Σ_3 完全集的例子。

第四章 典型构造

在这一章我们借助讨论关于图灵度的波斯特问题，给出了递归论中经典的几个实例。首先是克林尼和波斯特的尾节扩张，本质上是力迫法的前驱。借助这一方法，我们可以构造一个 Δ_2^0 的中间度，部分回答了波斯特问题。其次是弗里德伯格和穆奇尼克的定理：存在中间的递归可枚举度。除了完整回答了波斯特问题外，他们发明的有穷损害优先方法是经典递归论最为重要的方法之一。最后一节讨论了萨克斯的进一步的结果：每个递归可枚举集都可拆分为两个互相不能归约的递归可枚举集。萨克斯的构造同样使用了有穷损害方法，只是比弗里德伯格和穆奇尼克的更为复杂。它的损害集是有穷的，但却没有一个递归的上界。

第五章 算法随机性初步

在这一章中，我们将介绍递归论中一个相对年轻的领域——算法随机性。随机性与可计算性一样，都是关于自然数集的性质。对随机性概念的刻画依赖于可计算性概念，而随机性概念又提供了划分自然数集的另一种维度。我们在本章中介绍了 3 种刻画随机性概念的方式：基于不可压缩性的刻画、基于测试的刻画和基于不可预测性的刻画，以及各自的核心概念：柯尔莫哥洛夫复杂度、马丁-洛夫测试以及鞅。我们证明了对“马丁-洛夫随机”的 3 种刻画的等价性。

同数理逻辑一样，递归论现在也已是非常成熟的学科，本书中的大部分内容都是经典的成果。作者仅仅根据教学经验，将经典内容理顺，以期减少同学们学习的阻力而已。在写作过程中，作者从已有的众多的中外教科书中受益匪浅。其中对作者影响最大的是索阿的经典教材《递归可枚举集和度》(Soare, 1987) 以及它的新版《图灵可计算性：理论和应用》(Soare, 2016)。除此之外，我们还参考了罗杰斯和库特兰德的经典著作 (Rogers, 1967); (Cutland, 1980)。算法随机性一节的内容则参考了唐尼和希施费尔德的《算法随机性与复杂性》(Downey and Hirschfeldt, 2010) 以及尼茨的《可计算性与随机性》(Nies, 2009)。

在编写过程中，中山大学王玮教授、南京大学喻良教授、南开大学彭程博士等对初稿提出了宝贵的修改意见，在此表示深深的感谢。

目录

第一章　可计算性的基本知识

人类最早的数学活动之一就是计算，但**可计算性**这个概念直到 20 世纪 30 年代才科学地建立起来。对这一概念的思考，不仅一直带有浓厚的哲学色彩，而且还成为计算机科学创立和发展的源泉。

1.1　算法与可判定问题的例子

在本节中我们给出一些算法的例子，并试图从这些例子中观察出算法的一些直观要素。而在 1.2 和 1.3 节中，我们再进一步把这些要素严格化。

算法最著名的例子是有关素数的判定方法。

例 1.1.1　素数判定问题。给定自然数 x，如何判定 x 是否是一个素数？

如果 $x=1$，那么根据定义 x 不是素数；如果 $x=2$，则 x 是素数；如果 $x>2$，则以 $2,3,\cdots,x-1$ 去除 x，如果没有一个数可以整除 x，则 x 是素数，否则 x 不是。[①]

例 1.1.2　欧几里得算法。假设 x,y 为正整数，且 $x\leq y$，求 x,y 的最大公约数 HCF。

第一步，用 x 去除 y，如果可以除尽，则 HCF 为 x，否则，我们有公式：

$$y=q_0x+r_0, \tag{1.1}$$

① 是的，我们这里给出的算法效率极低。对素数判定问题的复杂性有兴趣的读者请参阅（Agrawal et al., 2004）。他们首次证明了存在多项式时间的素数判定的算法。

其中 $r_0 < x$。由于 $r_0 = y - q_0 x$，因此，任何 x, y 的公约数也都是 x 和 r_0 的公约数。

第二步，以 r_0 去除 x，如果可以除尽，则 r_0 为 HCF，否则，我们有

$$x = q_1 r_0 + r_1。 \tag{1.2}$$

重复以上过程，我们会得到一个严格递减的自然数序列：

$$y, x, r_0, r_1, r_2, \cdots,$$

因为是递减的，所以这一程序会在有穷步内停止，而最后会得到有穷序列

$$y, x, r_0, r_1, r_2, \cdots, r_l。$$

在第 $l+1$ 步，我们得到公式

$$r_{l-2} = q_l r_{l-1} + r_l, \tag{1.3}$$

而最后一步，即 $l+2$ 步，我们有

$$r_{l-1} = q_{l+1} r_l。 \tag{1.4}$$

根据以上分析，r_l 就是 x, y 的最大公约数。

例 1.1.3 假设 α 是命题逻辑语言中的表达式，求判断 α 为合式公式的程序。合式公式的概念请见《数理逻辑：证明及其限度》一书的定义 2.2.1，以下我们简称为公式。

利用命题逻辑已知的两个事实：公式的左括号数等于右括号数；以及任何公式的真前段左括号数都大于右括号数，我们有以下算法：

(1) 检测 α，如果它只有一个符号并且是命题符号，则 α 是公式，程序停止；否则进入下一步。

(2) 检测 α 的第一个符号，如果是 (，则进入下一步；否则它不是公式，程序停止。

(3) 检测 α 的第二个符号，如果是 $\neg$，则进一步检测剩余部分是否形如 α_1)。如果不是，则 α 不是公式，程序停止；否则抹去 α 中最外面的一对括号和第二个符号 $\neg$，从而得到 α_1，对 α_1 重复第一步。如果 α 的第二个符号不是 $\neg$，则进入下一步。

(4) 从 α 的第二个符号开始检测，找到第一个左右括号平衡的表达式 α_1，然后检测 α 是否形如

$$(\alpha_1 * \alpha_2),$$

其中 * 是二元命题连接词且 α_1 和 α_2 是表达式。如果不是，则 α 不是公式，程序停止；否则抹去最外边的括号和 * 得到 α_1, α_2 两个表达式，对它们分别重复第一步。

在以上过程中，被检测表达式的长度是递减的，所以程序会在有穷步内停止。如果在其中某一步输出为“不是公式”，则 α 不是公式；否则 α 是公式。

例 1.1.4　一阶算术公理的集合是可判定的，即：存在一个算法，可以判断一个一阶算术语言的语句 ψ 是否是一阶算术的公理。

回忆一下，一阶算术语言的语言为 $\mathcal{L}_{\mathbf{Ar}} = \{0, S, +, \times\}$，一阶算术的公理包含以下 $\mathcal{L}_{\mathbf{Ar}}$ 语句：

A1 $\forall x(0 \neq Sx)$,

A2 $\forall x \forall y(Sx = Sy \to x = y)$,

A3 $\forall x(x + 0 = x)$,

A4 $\forall x \forall y(x + Sy = S(x + y))$,

A5 $\forall x(x \times 0 = 0)$,

A6 $\forall x \forall y(x \times Sy = x \times y + x)$,

A7 假设 $\alpha(x)$ 是公式，则

$$\alpha(0) \to (\forall x((\alpha(x) \to \alpha(Sx)) \to \forall x \alpha(x)),$$

其中 A7 是一个公理的模式，代表无穷多条公理。事实上，对每一 $\mathcal{L}_{\mathbf{Ar}}$ 公式 $\alpha(x)$，都有相应的一条公理 A7。所以一阶算术有无穷多条公理。怎样判断一个语句 σ 是否为公理呢？首先，如果 σ 与 A1 到 A6 中某一条形式相同，则 σ 是算术公理。否则，检测 σ 是否形如

$$\alpha(0) \to (\forall x(\alpha(x) \to \alpha(Sx) \to \forall x\alpha(x),$$

其中 α 是 $\mathcal{L}_{\mathbf{Ar}}$ 公式。具体算法的描述请读者自行补全。

在以上例子中，所有算法都有以下共同的特征：

(1) *有穷的*：任何一个算法的描述都是有穷长的，并且会在有穷步内停止，并给出明确的答案。

(2) *确定的*：每一步的操作都是明确定义的，操作的指令是毫无歧义的，而不是模糊的或是随机的。例如，“掷一枚硬币，如果国徽朝上则……，否则……”这样的指令是不允许的。

(3) *能行的*：操作指令应该足够简单，不需要特殊的训练即可完成。例如，“如果有无穷多个孪生素数则……”，这样的指令也是不允许的。

能够用满足以上条件的算法所计算的函数或判定的集合，就称为**能行可计算的**或**能行可判定的**。① 显然，我们的描述是直观的、不精确的。例如，如何才是“明确定义的”？如何是“毫无歧义的”？如何“足够简单”？等等。因此，如何用数学的语言严格刻画“可计算”和“可判定”概念就成为一个有意义的问题。

1.2 可计算性的精确定义之图灵机版本

1936 年，图灵发表了一篇划时代的论文——《可计算数及其在判定问题上的一个应用》（Turing, 1936），提出了一个理论计算模型——图灵机。

① 关于西文“算法”（algorithm）一词的来由，以及算法所应有的直观特征，在 Donald E. Knuth, *The Art of Computer Programming, Vol.1*, Addison-Wiley (1997) 的 1.1 节中有很详细的讨论，建议读者参考。

他首先分析了一个具体的人在进行计算活动时的各种要素，然后将这些要素抽象化为一台理论上的计算机器。图灵机出人意料的简单性（详见以下1.2.1 节）与其同样出人意料的计算能力（事实上，所有能行可计算的函数都是图灵机可计算的）形成鲜明的对比，很好地诠释了一种清晰简单的深刻性。哥德尔认为图灵机最好地把握了我们关于“可计算性”的直观。

1.2.1　图灵机的描述

我们首先刻画一台图灵机是如何构成的。读者应该注意到，不同教科书对图灵机的描述并不完全一样，但这些不同定义的机器都可以相互模拟，因此它们的计算能力是一样的。

一台图灵机（见图1.1）包括以下要素：

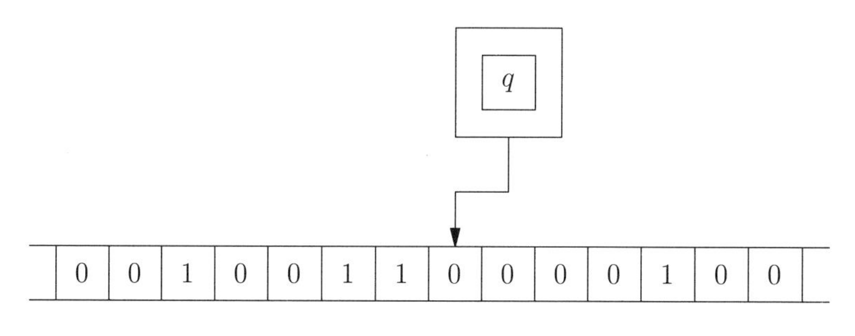

图 1.1　图灵机

(1) 一条两个方向都可**无限延长的纸带**，被分成一个个小的格子。这些格子中或者是空白的，或者被写入一个符号。具体使用哪些符号并不太重要，但必须从一个事先给定的有穷的字符集 Σ 中选取。例如，通常可以将 Σ 选为 $\{0,1\}$，其中 0 代表空白（有些教科书也用 $\Box$ 专门代表空格，这样字符集就是 $\Sigma=\{0,1,\Box\}$ ）。如果需要特殊的标记，可以添加诸如 $a,b,\$$ 等符号。

(2) 一个可以左右移动的**读写头**，每次可以扫描纸带上的一个格子。读写头可以读出格子中的符号，也能将已有的符号抹去，重新写上新的符号。

(3) 一个**有穷的状态集** $Q=\{q_0,q_1,\cdots,q_n\}$，$n\geq 1$。在任何一个时刻图灵机都处于其中的某个状态 q_i。“状态”一词给图灵机带来一些物理的色彩，令人联想起电压、内部齿轮的某个位置等物理的或机械的装置。但更恰当的联想也许是人脑思考时进入的某一状态。

(4) 一个**有穷的指令集** $\Delta=\{\delta_0,\delta_1,\cdots,\delta_m\}$，$m\geq 0$。所谓一个指令 δ_k，可以使图灵机根据当前的状态 q_i 和当前读写头所在方格内的记号 $a\in\Sigma$，完成一个操作 $O\in\{L,R,b\}$，其中 $b\in\Sigma$。O 这个符号分别代表向左移动 L，向右移动 R，将现有的符号 a 改写为符号 b。最后，完成以上操作后，命令图灵机进入下一个状态 q_j。指令集 Δ 实际上是一个映射：

$$Q\times\Sigma\to(\{L,R\}\cup\Sigma)\times Q。$$

它的元素可以用四元组 (q_i,a,O,q_j) 来表示，其中 q_i,q_j 是图灵机的状态，a 是当前方格中的符号，O 是进行的操作：左移 L，右移 R，抹去 a 写下 b。注意，我们用 a 和 b 既表示方格中的符号，也表示相应的动作，这应该不会引起混淆。指令是**确定的**，即：不存在两个以 (q,a) 开始的不同指令，或者说，如果 (q_i,a,O,q_j) 和 (q_i,a,O',q'_j) 是同一台图灵机的两个指令，则 $O=O'$ 并且 $q_j=q'_j$。当然，日后我们会看到所谓的“非确定”（nondeterministic）的图灵机，它将是计算机科学中算法复杂性的主角。

(5) 显然，一台**图灵机**完全可以由其指令集决定，今后我们说图灵机 M，指的就是它的指令集 Δ。这样图灵机就是一个精确的数学概念，而不涉及诸如纸带等物理装置。

正如计算机一样，图灵机要进行工作，除了其自身的要素外，还需要有输入、输出等，所以我们还要引入一些有关图灵机运作的概念。

- **初始状态和停机状态**：我们假定所有图灵机都有两个特殊状态：q_s 表示**初始状态**，即所有图灵机都以 q_s 为起始状态；q_h 表示**停机状态**，所有图灵机进入这一状态都会停机。

- **输入**及其表示：图灵机的输入是一个或 n 个自然数，如果输入为一个自然数 m，我们以纸带上 $m+1$ 个连续的 1 表示。如果输入为 n 元组 $(m_1,\cdots,m_n)$，则用一个空格 0 隔开这些数字的表示。

- **停机**：当图灵机进入状态 q_h 时，它就停止运作，称为“停机”。注意：有时图灵机会进入无指令可执行的情况，例如，当读写头正在读取符号 a 而内部状态为 q_i、却没有以 (q_i, a) 开始的指令时，此时图灵机也停止工作，但不是“停机”。（当然，我们很容易添加一些指令使得无指令可执行的情形自动转入停机状态。）另外，死循环不能被看作是停机。例如，包含指令 $\{(q_0, 0, 1, q_1), (q_1, 1, 0, q_0)\}$ 在内的图灵机如果在 q_0 状态时读到了 0，则它永远不会停机。

- **输出**：停机时纸带上所有 1 的总数，这就是图灵机的计算结果。注意：很多时候我们并不要求这些 1 是连续的。下面我们会看到，如果要求这些 1 是连续的也不难做到。

- **格局**：图灵机 M 在每一时刻的全部状况称为 M 的一个“格局”。格局包括以下要素：（a）当前的内部状态 q_i；（b）当前读写头正在扫描的方格及方格中的符号；（c）读写头左边和右边的所有符号，因此一个格局 c 可以表示为以下有穷的序列：

  $$t_m t_{m-1} \cdots t_2 t_1 q_i a s_1 s_2 \cdots s_{n-1} s_n,$$

  其中 q_i 是当前内部状态，a 是读写头正在扫描的方格中的符号。$t_1 \cdots t_m$ 是读写头左边（从右到左）的符号，t_m 是最左的非空格的符号，$s_1 \cdots s_n$ 是读写头右边（从左到右）的符号，s_n 是最右的非空格的符号。图灵机处于**起始格局**时，其内部状态为 q_s，并且纸带上的符号串是输入的表示，我们还要求此时读写头位于左边第一个 1 处。**终止格局**则是内部状态为 q_h 的格局，此时纸带上的记号为输出。

- **计算**：如果从外部观察图灵机，其计算过程就是从起始格局开始、从一个格局转换为另一格局的过程。如果这台图灵机在一个输入下停机，则最终会转入终止格局。例如，图灵机 M 的一个格局

  $$c_i = t_m t_{m-1} \cdots t_2 t_1 q_i 0 s_1 s_2 \cdots s_{n-1} s_n,$$

  而 M 有指令 $\delta_i = (q_i, 0, 1, q_j)$，则通过执行 δ_i，M 会进入格局

  $$c_{i+1} = t_m t_{m-1} \cdots t_2 t_1 q_j 1 s_1 s_2 \cdots s_{n-1} s_n。$$

因此，如果图灵机 M 在输入 $(n_1, \cdots, n_m)$ 下停机，则它的计算过程可以表示为格局的一个有穷序列：

$$c_1, \cdots, c_r,$$

其中 c_1 是起始格局，c_r 是终止格局，而中间从 c_i 到 c_{i+1} 的转换都是按照 M 的指令进行的。此时称格局序列 $c_1, \cdots, c_r$ 为 M 的一个计算。

1.2.2 图灵可计算性

从直观上说，所谓"图灵可计算函数"就是能够借助图灵机进行计算的函数。在本书中，我们指的函数都是自然数上的函数，而且这些函数的定义域并不一定都是 $\mathbb{N}$，它们可能在某些自然数上没有定义，这样的函数通常称为"部分函数"。

定义 1.2.1 假设 f 为 $\mathbb{N}^n$ 到 $\mathbb{N}$ 的（部分）函数，M 为图灵机。我们称**图灵机 M 计算函数 f**，当且仅当：对任意 n 元组 $(x_1, \cdots, x_n)$，如果 f 在 $(x_1, \cdots, x_n)$ 处有定义，即 $(x_1, \cdots, x_n) \in \mathrm{dom}(f)$，则 M 以 $(x_1, \cdots, x_n)$ 为输入时会停机并且输出为 $f(x_1, \cdots, x_n)$；如果 $(x_1, \cdots, x_n) \notin \mathrm{dom}(f)$，则 M 以 $(x_1, \cdots, x_n)$ 为输入时不停机。

定义 1.2.2 一个自然数上的函数是**图灵可计算的**，当且仅当存在一个计算它的图灵机。一个自然数上的关系（集合）是**图灵可判定的**，当且仅当它的特征函数是图灵可计算的。

记法 1.2.3 我们用 $M(x_1, \cdots, x_n)\downarrow$表示图灵机 M 在以 $(x_1, \cdots, x_n)$ 为输入时会停机。同样，$f(x_1, \cdots, x_n)\downarrow$ 表示函数 f 在 $(x_1, \cdots, x_n)$ 处有定义。

例 1.2.4 加法 $f(x, y) = x + y$ 是图灵可计算的。

根据我们的约定，纸带上的输入形如

$$\underbrace{11\cdots1}_{x+1个}0\underbrace{11\cdots1}_{y+1个},$$

读写头位于左边第一个 1 处。我们要做的就是将中间的 0 右移到最后（或者等价地，把右边 $y+1$ 个 1 左移到 0 前），这可以通过把中间的 0 改写为 1，然后将右边最后一个 1 抹去做到。注意到输入是 $x+1$ 和 $y+1$ 个 1，所以我们最后还要再抹去最右边的两个 1。具体地，加法图灵机的指令可以刻画如下（显然它不是唯一的）：

$$\begin{array}{lll}(q_s,1,R,q_s), & (q_s,0,1,q_1), & (q_1,1,R,q_1),\\ (q_1,0,L,q_2), & (q_2,1,0,q_2), & (q_2,0,L,q_3),\\ (q_3,1,0,q_3), & (q_3,0,L,q_4), & (q_4,1,0,q_h)。\end{array}$$

由于写图灵机指令本身并不重要，在今后的例子中我们只描述如何在纸带上进行操作，而将具体的细节留给（不放心的）读者。

例 1.2.5　定义函数

$$x\dot{-}y=\begin{cases}x-y, & \text{如果}x>y;\\ 0, & \text{否则},\end{cases}$$

则 $x\dot{-}y$ 是图灵可计算的。

与加法类似，纸带上的输入形如

$$\underbrace{11\cdots1}_{n+1个}0\underbrace{11\cdots1}_{m+1个},$$

读写头位于左边第一个 1 处。为了计算 $x\dot{-}y$，我们可以依次抹去中间的空格 0 两边的 1，如果左边的 1 先被抹光，或者两边的 1 同时被抹光，则说明 $x\leq y$，我们抹去剩下的 1 然后停机即可；否则，说明 $y<x$，则纸带上剩余的 1 恰好就是 $x-y$，直接停机即可。

我们时常需要让两台图灵机“接力”工作，即：在一台图灵机 M_1 计算结束后，另一台图灵机 M_2 以 M_1 的输出为输入，接着进行计算。而这就要求我们将 M_1 的输出重新进行排列，使其满足输入的要求。以下命题证明这总是可以做到的。

命题 1.2.6　对任意图灵机 M，都存在图灵机 M' 将其输出“标准化”，即：

(1) 对任一函数 f，f 是 M' 可计算的，当且仅当 f 是 M 可计算的，且对任一输入 $\vec{x}$，M 和 M' 给出相同的输出。

(2) 在 M' 的终止格局中，纸带上所有的 1 是连续的，且读写头处于这连续多个 1 的最左边一个。

我们给出证明的想法，具体的实现留给读者。无妨假定 M 的字符集为 $\{0,1\}$。最简单自然的想法是在 M 给出输出之后，我们将被 0 隔开的 1 收拢到一起。但困难是无法区分夹在 1 中间的 0 和处于所有 1 左边或右边的 0，因此 M' 在收拢时不知道是否已到达最左边或最右边的 1。要解决这一困难，我们需要让机器 M' 从一开始就“记住”读写头曾经到过的地方，所有 1 必定在读写头到过这个范围内（最多延伸到输入覆盖的范围）。

我们有很多方法来让机器“记住”读写头曾经到过的地方。例如，我们可以从一开始就引进两个边界符号 $\$_L$ 和 $\$_R$（只用一个符号 \$ 也行），在 M 开始计算之前，M' 先把边界符号分置在输入的左右两端，今后每当 M 需要越过边界时，M' 都先移动边界符，然后再执行 M 的操作。如果嫌每次移动边界符麻烦的话，也可以采用如下方案：增加一个记号 B，它与 0 一样表示空格，但 B 表示 M 的读写头在工作中扫过的空格，而 0 表示纸带上原有的空格。在 M 开始计算之前，先让它把输入扫一遍，并将扫过的 0 改成 B。这样，当 M 的计算结束之后，读写头再扫描到 0 时，就表明这是 M 的计算过程中没有到达过的空格。

剩下的问题是把边界之间的 1 收拢成起始于左边界的一整块。我们以第一种方案为例：M' 从左边界开始，逐步将游离在已经形成的整块之外的 1 一步步地合并到块内，即：把纸带内容从

$$\$_L \underbrace{11\cdots1}_{n\text{个}}\underbrace{00\cdots0}_{m+1\text{个}}1s_1\cdots s_n\$_R$$

变成

$$\$_L \underbrace{11\cdots1}_{n+1\text{个}}\underbrace{00\cdots0}_{m+1\text{个}}s_1\cdots s_n\$_R,$$

其中 $n,m\in\mathbb{N}$ 且 $s_1,\cdots,s_n\in\{0,1\}$。最后抹去边界符即可。

1.2.3 用有向转移图来表示图灵机

正如前面所说，图灵机最令人惊奇的地方就是它的简单。只靠左移、右移、写上、擦掉这样的动作和有穷多个四元组，图灵机在理论上能够完成一切人类所能进行的复杂计算。但也正是因为简单，图灵机的效率太低了，所以写图灵机的程序没有任何实用价值。我们所有的例子和练习，目的都是帮助大家理解图灵机的运作，而不是训练大家写图灵程序。

今后我们会越来越少地直接使用四元组，而更多地使用“高级”语言来描述对读写头和纸带内容的控制。中间路线是使用“有向转移图”，其节点为少数事先指定好的子程序，图的连接则告诉我们子程序之间的串联或并联关系。

我们先指定几个简单的子程序，后面会把它们当作部件组装起来。

例 1.2.7 假定字母表为 $\{0,1\}$。

(1) 图灵机 $R=\{q_s0Rq_h, q_s1Rq_h\}$ 和 $L=\{q_s0Lq_h, q_s1Lq_h\}$ 的动作（无论纸带上是什么内容）分别是把读写头向右和向左移动 1 格。

(2) 图灵机 $P_0=\{q_s00q_h, q_s10q_h\}$ 和 $P_1=\{q_s01q_h, q_s11q_h\}$ 的动作（无论纸带上是什么内容）分别是在当前扫描的格子中写一个 0（即擦去字符）和写一个 1。P_0 有时也直接写成 0。一般地，对任何字母表中的元素 a，我们有图灵机 P_a 或 a 做类似的事情。

例 1.2.8 令字母表 $A=\{0,1,a,b,c,d\}$。写一个图灵程序 R_a 把读写头移到严格在右边（即当前格子不算）的第一个写着 a 的格子（如果没有这样的格子，则 R_a 永不停机）。

容易看出，R_a 可以选为 $S_1\cup S_2$，其中

$$S_1=\{q_s0Rq_1, q_s1Rq_1, q_saRq_1, q_sbRq_1, q_scRq_1, q_sdRq_1\}$$

（无论纸带上写什么，先向右移一格），

$$S_2=\{q_10Rq_1, q_11Rq_1, q_1aaq_h, q_1bRq_1, q_1cRq_1, q_1dRq_1\}$$

（除了见到 a 停机之外，见到其他符号均继续向右）。

注意：我们用 $R \bullet Q$ 表示执行完子程序 R 后再执行 Q。当需要连续两次执行同一个子程序 R 时，我们用 R^2 表示。下面我们描述两种常见的使用子程序的方法。

例 1.2.9 给定图灵机 M_1 和 M_2，设计一个新的图灵机 M，使得它先执行程序 M_1 之后继续执行程序 M_2。我们用 M_1M_2 来表示 M。

重新命名 M_2 的状态集，使得它的新的初始状态为 M_1 的停机状态，其他的状态都不在 M_1 的状态集中出现，并相应地修正 M_2 的四元组集即可。

例 1.2.10 给定图灵机 M_1 和 M_2，设计一个新的图灵机 M，使得它执行程序："如果目前扫描的符号是 0 则执行 M_1，否则执行 M_2。"（见图1.2）

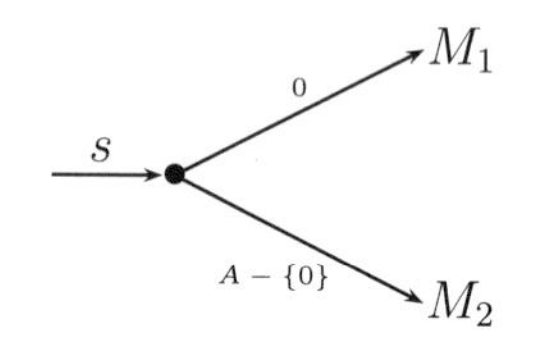

图 1.2 有向转移图

不妨假定 M_1 和 M_2 的状态集交集为空，且它们的起始和停机状态分别为 $q_s^1, q_h^1, q_s^2, q_h^2$。还不妨假定 M_1 和 M_2 共享一个字母表 A。挑选两个不在 M_1 和 M_2 中出现的新的状态 q_s, q_h。定义 M 的四元组集为

$$\delta_1 \cup \delta_2 \cup \{q_s 0 0 q_s^1\} \cup \{q_s a a q_s^2 : a \in A \setminus \{0\}\} \cup \{q_h^1 a a q_h, q_h^2 a a q_h : a \in A\}$$

即可，其中 δ_1 和 δ_2 分别是 M_1 和 M_2 的四元组集。

例 1.2.11 以有向转移图的方式设计一个计算函数 $f(x, y) = 2x + y$ 的图灵机。

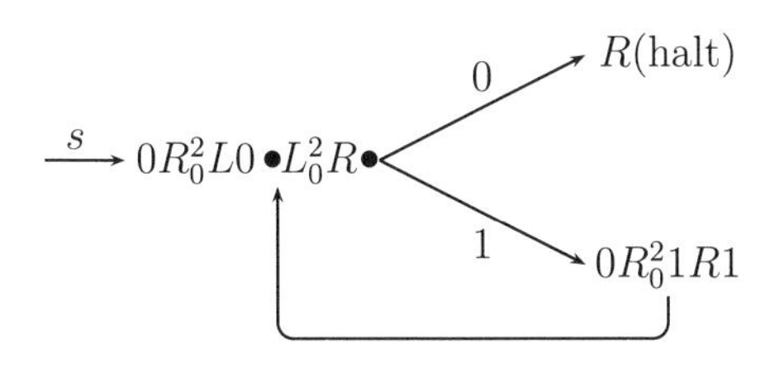

图 1.3　$f(x,y)=2x+y$ 的有向转移图

首先，我们的初始格局是 $q_s1^{x+1}01^{y+1}$。我们用 $0R_0^2L0$ 把最左和最右的 1 消成 0，执行完之后，纸带上的字符串为 1^x01^y，并且读写头停在 y-串的最后一个 1 上（如果有的话，不然 $y=0$，读写头停在 0 上）。

接下来，我们用 L_0^2R 把读写头移到 x-串的开头。这时有两种情况：如果看到的是 1 的话，我们把它消去，并在输出串的末尾再添两个 1，这是 $0R_0^21R1$ 的作用，做完后再循环；如果看到的是 0 的话，说明 x-串已经没有了，因此把读写头移到输出串的第一位，停机（见图1.3）。

1.3　可计算性的精确定义之递归函数版本

递归函数是能行可计算函数的又一刻画。它起源于哥德尔著名的关于不完全定理的文章（Gödel, 1931）。当时哥德尔为了编码，引入了一类他称为“递归的”函数。后来人们拓展了递归函数的概念，哥德尔定义的函数现在称为“原始递归函数”。我们本节就从这个概念开始。

1.3.1　原始递归函数

定义　1.3.1　全体**原始递归函数**的集合 $\mathcal{C}$ 是满足下列条件的最小的自然数上的函数集：

(1) 零函数 $Z(x)=0$ 属于 $\mathcal{C}$；

(2) 后继函数 $S(x) = x + 1$ 属于 $\mathcal{C}$；

(3) 投射函数 $P_i^n(x_1, \cdots, x_n) = x_i$ $(1 \leq i \leq n)$ 属于 $\mathcal{C}$；
以上 3 类函数称为**初始函数**。

(4) $\mathcal{C}$ 对复合封闭：如果 $g_1(x_1, \cdots, x_n), \cdots, g_m(x_1, \cdots, x_n)$ 为 m 个 n 元函数，$h(y_1, \cdots, y_m)$ 为 m 元函数，且 $g_1, \cdots, g_m, h \in \mathcal{C}$，则

$$f(x_1, \cdots, x_n) = h(g_1(x_1, \cdots, x_n), \cdots, g_m(x_1, \cdots, x_n)) \in \mathcal{C};$$

(5) $\mathcal{C}$ 对原始递归封闭：若 $g(x_1, \cdots, x_{n-1}), h(y, z, x_1, \cdots, x_{n-1}) \in \mathcal{C}$ 分别是 $n-1$ 元函数和 $n+1$ 元函数，则如下定义的 n 元函数 f 也属于 $\mathcal{C}$：

$$\begin{aligned} f(0, x_2, \cdots, x_n) &= g(x_2, \cdots, x_n), \\ f(x+1, x_2, \cdots, x_n) &= h(x, f(x, x_2, \cdots, x_n), x_2, \cdots, x_n)。\end{aligned}$$

利用代数中关于闭包的结果（例如，可以参考《数理逻辑：证明及其限度》中第 27–28 页的讨论），我们有：每个原始递归函数 f 都有一个有穷的**生成序列**：$\langle f_1, f_2, \cdots, f_n \rangle$，其中 $f_n = f$，并且对任意 $1 \leq i \leq n$，f_i 或者是初始函数，或者是由前面的函数通过复合或原始递归得到的。

例 1.3.2 加法是原始递归函数。

大家知道，加法具有如下的递归定义：

$$\begin{aligned} x + 0 &= x, \\ x + S(y) &= S(x + y)。\end{aligned}$$

证明一个函数是原始递归的，最标准的方法就是写出该函数的所谓生成序列。作为第一个例子，我们给出较为详细的证明过程，今后则更多地是直接写出通常的递归定义，而省去生成序列的过程。

首先，后继函数 S，$P_1^1(x) = x$（一元投射函数），$P_2^3(x_1, x_2, x_3) = x_2$ 都属于 $\mathcal{C}$。根据定义1.3.1的（4），$g(x_1, x_2, x_3) = S \circ P_2^3(x_1, x_2, x_3) = S(x_2)$ 属于 $\mathcal{C}$；再由定义1.3.1的（5），如下定义的函数 $f(x_1, x_2)$ 属于 $\mathcal{C}$：

$$\begin{aligned} f(0, x_2) &= P_1^1(x_2), \\ f(x+1, x_2) &= g(x, f(x, x_2), x_2)。\end{aligned}$$

而 $f(m,n)$ 恰恰就是 $m+n$；换句话说，加法 f 的生成序列为

$$\langle S, P_1^1, P_2^3, S\circ P_2^3, f\rangle。$$

既然证明了加法是原始递归的，今后我们可以依照惯例用（关于 x 的）函数 $x+1$ 表示函数 $S(x)$。

例 1.3.3 $x\times y$，x^y，$x!$ 都是原始递归函数。对于 $x\times y$，我们可以考虑如下递归定义：

$$\begin{aligned} x\times 0 &= 0, \\ x\times(y+1) &= x\times y+x。\end{aligned}$$

因为零函数和加法都是原始递归的，而乘法是通过它们由原始递归定义的，所以也是原始递归的。类似地，阶乘可以如下定义：

$$\begin{aligned} 0! &= 1, \\ (x+1)! &= x!\times(x+1)。\end{aligned}$$

可以证明 $x!$ 是原始递归的，类似地，x^y 也是。

除了函数，我们还经常需要讨论原始递归的关系。

定义 1.3.4 一个自然数上的关系 R 是**原始递归**的，当且仅当它的特征函数是原始递归函数。特别地，如果 R 是一元关系（即 R 为自然数的一个子集），则称 R 是**原始递归集**。

我们有时也不太严格地把一个谓词与它在自然数上的标准解释等同起来，因而也自然有**原始递归谓词**的说法。

例 1.3.5 以下函数和关系都是原始递归的：

(1) 前驱函数 $\mathrm{pred}(x)=\begin{cases} x-1, & 若\ x>0; \\ 0, & 若\ x=0 \end{cases}$ 和 1.2.2 节定义的 $x\dot{-}y$ 都是原始递归的。

(2) 二元谓词 $=$ 和 $\leq$ 都是原始递归的。

证明 参见习题1.11。 □

1.3.2 原始递归函数的性质和编码

前面已经说到，哥德尔提出原始递归的概念，最初是为了用自然数给算术语言的句法对象进行编码，并证明这个编码函数是原始递归的。事实上，哥德尔的方法可以用来给任何有穷对象，如图灵机或原始递归函数，进行编码，而这又使我们证明存在通用的可计算函数成为可能。

引理 1.3.6 原始递归集合对集合的布尔运算封闭，即：如果 $A, B \subseteq \mathbb{N}^k$ 都是原始递归集合，则 $\mathbb{N}^k - A, A \cup B$ 和 $A \cap B$ 也是。

证明 参见习题1.13。 □

类似地，也有原始递归谓词对布尔运算 $\neg, \vee, \wedge$ 封闭。

引理 1.3.7（分情形定义） 如果 f_1 和 f_2 都是原始递归函数，并且 P 是原始递归谓词，则函数

$$f(x) = \begin{cases} f_1(x), & \text{如果 } P(x) \text{ 成立;} \\ f_2(x), & \text{否则} \end{cases}$$

也是原始递归的。

证明 $f(x) = f_1(x)\chi_P(x) + f_2(x)(1 \dot{-} \chi_P(x))$。 □

利用归纳法，我们不难得出以下推论：

推论 1.3.8 假设 $P_1, \cdots, P_n$ 是一元谓词，并且都是原始递归的，并且对任意 x，有且只有一个 P_i 使得 $P_i(x)$ 成立。令 $g_1(x), \cdots, g_n(x)$ 都是原始递归函数，定义函数

$$f(x) = \begin{cases} g_1(x), & \text{如果} P_1(x); \\ g_2(x), & \text{如果} P_2(x); \\ \cdots & \cdots\cdots \\ g_n(x), & \text{如果} P_n(x), \end{cases}$$

则 f 是原始递归的。

除法涉及两个函数，一个是商函数 $\mathrm{quo}(x,y)$，它可以定义如下：

$$\mathrm{quo}(x,y)=\begin{cases} q, & x\neq 0 \text{ 并且 } \exists r<x(y=xq+r); \\ 0, & x=0。\end{cases}$$

注意：为了使其称为处处有定义的全函数，我们规定 0 除任何数商为 0。另一个是余数函数 $\mathrm{rem}(x,y)$：

$$\mathrm{rem}(x,y)=\begin{cases} r, & x\neq 0\text{，}\exists q\leq y(y=xq+r) \text{ 并且 } r<x; \\ 0, & x=0。\end{cases}$$

类似地，我们规定 $\mathrm{rem}(0,y)=0$。

引理 1.3.9　函数 $\mathrm{quo}(x,y)$ 和 $\mathrm{rem}(x,y)$ 都是原始递归的。

证明　只需注意到以上函数可以用原始递归定义，并且在定义过程中只用到了原始递归函数。

$$\mathrm{rem}(x,y+1)=\begin{cases} \mathrm{rem}(x,y)+1, & \text{如果 } \mathrm{rem}(x,y)+1\neq x; \\ 0, & \text{否则}\end{cases}$$

和

$$\mathrm{quo}(x,y+1)=\begin{cases} \mathrm{quo}(x,y)+1, & \text{如果 } \mathrm{rem}(x,y)+1=x; \\ \mathrm{quo}(x,y), & \text{否则。}\end{cases}$$

□

记法 1.3.10　假设 R 是谓词，我们今后用 $(\exists x<a)R(x)$ 表示 $\exists x(x<a\wedge R(x))$，用 $(\forall x<a)R(x)$ 表示 $\forall x(x<a\rightarrow R(x))$，并称它们为**有界量词**。

接下来我们引进**有界极小算子**。下文中的希腊字母 μ 可以读作“最小的”。

定义 1.3.11　令 $P(\vec{x},z)$ 为一个 $(k+1)$-元的性质。定义

$$(\mu z\leq y)P(\vec{x},z)=\begin{cases} \text{最小的满足 } P(\vec{x},z) \text{ 且 } \leq y \text{ 的 } z, & \text{如果它存在;} \\ y+1, & \text{否则。}\end{cases}$$

事实上，原始递归函数是对有界极小算子封闭的。为了证明这一点，我们需要以下引理。

引理 1.3.12 如果 $f(\vec{x}, y)$ 是原始递归的，则有界和 $\sum_{y\le z} f(\vec{x}, y)$ 和有界积 $\prod_{y\le z} f(\vec{x}, y)$ 都是原始递归的。

证明 参见习题1.10。 □

引理 1.3.13 如果 $P(\vec{x}, z)$ 是一个原始递归谓词，则

(1) 谓词 $(\exists z \le y)P(\vec{x}, z)$ 和 $(\forall z \le y)P(\vec{x}, z)$ 都是原始递归的。

(2) 定义函数 $f(\vec{x}, y) = (\mu z \le y)P(\vec{x}, z)$，则 $f(\vec{x}, y)$ 也是原始递归的。

证明 （1）根据定义，我们有：谓词 $(\forall z \le y)P(\vec{x}, z)$ 为真，当且仅当 $\prod_{z\le y} \chi_P(\vec{x}, z) = 1$；而谓词 $(\exists z \le y)P(\vec{x}, z)$ 等价于 $\neg(\forall z \le y)\neg P(\vec{x}, z)$。所以它们都是原始递归的。

（2）只需注意 $(\mu z \le y)P(\vec{x}, z) = \sum_{z=0}^{y} \prod_{r=0}^{z} \chi_{\neg P}(\vec{x}, r)$ 即可。特别注意当满足条件的 z 不存在时，等式右边恰恰等于 $y+1$。 □

为了完成哥德尔的编码，我们还需要讨论一些有关素数的可计算性问题。

引理 1.3.14 以下函数和谓词都是原始递归的：

(1) 谓词“x 整除 y”；

(2) 谓词“x 是合数”和“x 是素数”；

(3) 函数 $p(n) :=$ 第 n 个素数，这个函数也常被写作 p_n。

证明 参见习题1.11（3）和习题 1.16。 □

我们现在可以利用素数分解定理来能行地编码了。

定义 1.3.15 哥德尔编码的相关概念定义如下：

(1) 我们用尖括号 $\langle a_0, \cdots, a_n\rangle$ 来表示乘积 $p_0^{a_0+1} \cdot \cdots \cdot p_n^{a_n+1}$，并把它称为有穷序列 $(a_0, \cdots, a_n)$ 的**哥德尔数**。定义空序列 $\langle\ \rangle$ 的哥德尔数为 1。

(2) 定义函数 $\mathrm{lh}: \mathbb{N} \to \mathbb{N}$ 为 $\mathrm{lh}(a) = \mu k \leq a\ (p_k \nmid a)$。我们称 $\mathrm{lh}(a)$ 为**长度**函数，因为 $\mathrm{lh}(1) = 0$ 且对于任意的哥德尔数 $a = \langle a_0, \cdots, a_n\rangle$，都有 $\mathrm{lh}(a) = n + 1$。

(3) 定义关于 a 和 i 的二元函数 $(a)_i = \mu k \leq a\ [p_i^{k+2} \nmid a]$。我们称 $(a)_i$ 为**分量**函数，因为它刚好从编码为 a 的有穷序列中挑出第 i 项：对任意的哥德尔数 $a = \langle a_0, \cdots, a_n\rangle$，$(a)_i = a_i$（$0 \leq i \leq n$）。

(4) 对自然数 a, b 定义**串接**函数 $a^\frown b$ 如下：

$$a^\frown b = a \cdot \prod_{i<\mathrm{lh}(b)} p_{\mathrm{lh}(a)+i}^{(b)_i+1}。$$

注意：函数 $\mathrm{lh}(a)$ 和 $(a)_i$ 都是全函数。特别地，函数 lh 对不是哥德尔数的自然数 a 也有定义，只不过我们不关心它的值罢了。对于函数 $(a)_i$，当 $i \geq \mathrm{lh}(a)$ 时，情形也一样。

引理 1.3.16 以下函数和谓词都是原始递归的：

(1) 全体有穷序列的哥德尔数构成的集合；

(2) 函数 $\mathrm{lh}(a)$ 和 $(a)_i$；

(3) 函数 $a^\frown b$，并且

$$\langle a_0, \cdots, a_n\rangle^\frown\langle b_0, \cdots, b_m\rangle = \langle a_0, \cdots, a_n, b_0, \cdots, b_m\rangle。$$

另外，如果 a 和 b 都是某个有穷序列的哥德尔数，则 $a^\frown b$ 也是。

证明 参见习题1.17。 □

利用编码，我们可以证明像斐波那契序列那样的函数也是原始递归的。

例 1.3.17 假设 $f(0) = f(1) = 1$ 且对所有 n，$f(n+2) = f(n+1) + f(n)$，则函数 $f(n)$ 是原始递归的。

证明 令 $F(n) = \langle f(n), f(n+1)\rangle = 2^{f(n)+1}3^{f(n+1)+1}$（基本想法是把递归方程中涉及的多个项编码成一个，当然你可以选不同的编码函数），则 $F(n)$ 满足如下的原始递归式：

$$\begin{aligned} F(0) &= 2^{f(0)+1}3^{f(1)+1} = 36, \\ F(n+1) &= 2^{f(n+1)+1}3^{f(n+2)+1} \\ &= 2^{(F(n))_1+1}3^{(F(n))_1+(F(n))_0+1}, \end{aligned}$$

所以是原始递归的。因此，$f(n) = (F(n))_0$ 也是。 □

1.3.3 非原始递归函数

从 1.3.1 节和 1.3.2 节中可以看出，相当多的我们熟悉的数论中的可计算函数都是原始递归的。一个自然的问题是："原始递归函数类是否包含了所有的直观可计算函数?" 答案是否定的。我们给出两个想法截然不同的例子。

例 1.3.18 由于每个原始递归函数都有一个构成序列，我们可以通过枚举出所有的构成序列来能行地枚举出所有（一元）原始递归函数（细节我们留作练习）：

$$f_0, f_1, f_2, \cdots,$$

定义函数 $g(x) = f_x(x) + 1$，则 g 不属于这个枚举，因此不是原始递归的。可是直观上 g 显然是"可计算的"，因为我们已经给出了它的一个算法。

这是所谓"对角线方法"的一个典型应用，我们后面会经常使用这种方法。这说明原始递归函数没有完全刻画"能行可计算函数"。

另一个非原始递归函数的例子是阿克曼函数，与上例中构造的 $g(x)$ 不同，它是一个具体的数论函数。

例 1.3.19 **阿克曼函数**最初的形式是如下定义的三元函数 $\Phi(n,x,y)$:

$$\begin{aligned}\Phi(0,0,y) &= y,\\ \Phi(0,x+1,y) &= \Phi(0,x,y)+1,\\ \Phi(1,0,y) &= 0,\\ \Phi(n+2,0,y) &= 1,\\ \Phi(n+1,x+1,y) &= \Phi(n,\Phi(n+1,x,y),y)。\end{aligned}$$

直观上这个函数随着 n 的增加，对输入 x,y 的计算越来越“复杂”:

$$\begin{aligned}\Phi(0,x,y) &= y+x,\\ \Phi(1,x,y) &= y\times x,\\ \Phi(3,x,y) &= y^{y^{y^{\cdot^{\cdot^{\cdot^{y}}}}}},\end{aligned}$$

也就是说，$\Phi(3,x,y)$ 是将 $\Phi(2,x,y)=y^x$ 定义的运算对 y 作用 x 次。

后来皮特和鲁宾逊给出了二元函数版本的阿克曼函数 $\mathrm{A}(x,y)$:

$$\begin{aligned}\mathrm{A}(0,y) &= y+1,\\ \mathrm{A}(x+1,0) &= \mathrm{A}(x,1),\\ \mathrm{A}(x+1,y+1) &= \mathrm{A}(x,\mathrm{A}(x+1,y))。\end{aligned}$$

从定义上看，阿克曼函数使用了多重递归，超出了原始递归；从函数值上看，它增长得太快，任何原始递归函数都“追”不上它。但是不难看出，阿克曼函数是能行可计算的。表 1.1 可以稍稍直观显示阿克曼函数的增长速度。

命题 1.3.20 对任意原始递归函数 $f(x_1,\cdots,x_n)$，都存在自然数 r，使得

$$f(x_1,\cdots,x_n)<\mathrm{A}(r,x), \tag{1.5}$$

其中 $x=\max(x_1,\cdots,x_n)$。因此，阿克曼函数不是原始递归的。

表 1.1　阿克曼函数的前 $A(4,y)$ 个值

$A(x,y)$	0	1	2	3	4	$\cdots$	y
0	1	2	3	4	5	$\cdots$	$y+1$
1	2	3	4	5	6	$\cdots$	$y+2$
2	3	5	7	9	11	$\cdots$	$2y+3$
3	5	13	29	61	125	$\cdots$	$2^{y+3}-3$
4	13	65533	$2^{65533}-3$	$2^{2^{65533}-3}-3$	$2^{2^{2^{65533}-3}}$	$\cdots$	$\underbrace{2^{2^{\cdots^{2}}}}_{y+3\text{个}}-3$

证明　首先，所有初始函数满足（1.5）。例如，对于后继函数 $S(x)=x+1$，令 $r=1$，则 $A(1,x)=x+2>S(x)$。请读者自行验证常数函数和投射函数。

其次，假设 $g_1,\cdots,g_m,h$ 都满足（1.5），我们证明存在 r，

$$f(x_1,\cdots,x_n)=h(g_1(x_1,\cdots,x_n),\cdots,g_m(x_1,\cdots,x_n))<A(r,x)。$$

设 $r_0,r_1,\cdots,r_m$ 是分别见证 $h,g_1,\cdots,g_m$ 满足（1.5）的自然数，并假设

$$\max(g_1(x_1,\cdots,x_n),\cdots,g_m(x_1,\cdots,x_n))=g_i(x_1,\cdots,x_n),$$

则

$$f(x_1,\cdots,x_n)<A(r_0,g_i(x_1,\cdots,x_n))<A(r_0,A(r_i,x))。\tag{1.6}$$

令 $r=r_0+r_i+2$，则 r 可以见证 $f(x_1,\cdots,x_n)<A(r,x)$。

最后，假设 f 是如下定义的函数：

$$\begin{aligned} f(0,x_2,\cdots,x_n) &= g(x_2,\cdots,x_n), \\ f(x+1,x_2,\cdots,x_n) &= h(x,f(x,x_2,\cdots,x_n),x_2,\cdots,x_n)。\end{aligned}$$

其中 g 和 h 都满足（1.5），分别由 r_1,r_2 见证。我们可以对 x 施归纳，证明存在 s，对任意 $(x_2,\cdots,x_n)$，都有

$$f(x,x_2\cdots,x_n)<A(r_1+r_2+s,\max(x,x_2,\cdots,x_n))。\tag{1.7}$$

具体细节请读者完成，参见习题1.18。 □

阿克曼函数说明，即使对于全函数，原始递归函数也没有完全刻画“能行可计算的全函数”这个概念。

1.3.4 递归函数

从程序语言的角度看，原始递归函数可以处理所有的算术运算、条件判断，以及形如“从 $i=1$ 到 n 执行……”这样的循环。我们想一想，同一般的程序语言相比，我们还缺什么呢？答案是我们还缺少“无（事先给定的）界的循环”，即处理“重复……直到……”这样的指令。下面的定义试图弥补这一缺陷。

定义 1.3.21 令 $f:\mathbb{N}^{n+1}\to\mathbb{N}$ 为一个全函数。我们称 n-元函数 $g(x_1,\cdots,x_n)$ 是从 f 通过**正则极小化**或由**正则 μ-算子**得到的，如果

$$\forall x_1\cdots\forall x_n\exists y f(x_1,\cdots,x_n,y)=0$$

（上式又称作**正则性条件**），并且 $g(x_1,\cdots,x_n)$ 是使得 $f(x_1,\cdots,x_n,y)=0$ 的最小的 y。我们把它记作：

$$g(x_1,\cdots,x_n)=\mu y[f(x_1,\cdots,x_n,y)=0]。$$

定义 1.3.22 全体**递归函数**的集合为最小的包含所有初始函数，并且对复合、原始递归和正则极小化封闭的函数集合。

与原始递归谓词类似，我们有以下关于递归谓词的定义。

定义 1.3.23 一个谓词 R 是**递归**的，当且仅当它的特征函数是递归函数。特别地，如果 R 是一元谓词，则称 R 是**递归集**。

同样，递归谓词和递归集合对通常的布尔运算封闭。

定理 1.3.24 假定 $\mathbb{N}^k$ 的子集 A 和 B 都是递归的，则

(1) 集合 $\mathbb{N}^k\setminus A$、$A\cup B$ 和 $A\cap B$ 都是递归的；

(2) 递归谓词对有界量词封闭。

证明 显然。 □

定义1.3.21中的正则性条件 $\forall \boldsymbol{x} \exists y\ g(\boldsymbol{x}, y) = 0$ 从可计算的角度看是非常复杂的。我们无法能行地判断正则性条件是否成立。很难想象我们在设计一个算法或在写一个程序的时候需要时不时地检查正则性条件，我们希望能够把它删掉。删掉它的后果是我们对 y 的搜寻可能永远不停止，因此必须面对所谓的**部分函数**，即在某些点没有定义的函数。从现在起，当我们考虑函数 $f : \mathbb{N} \to \mathbb{N}$ 时，f 的定义域可以是 $\mathbb{N}$ 的一个真子集。

记法 1.3.25 对 $\mathbb{N}$ 中的一个点 x，我们用 $f(x)\downarrow$ 表示**函数 f 在 x 点有定义**（或称$f(x)$ **是收敛的**）；而 $f(x)\uparrow$ 表示函数f **在 x 点没有定义**（或称$f(x)$ **是发散的**）。

1.3.5 部分递归函数

定义 1.3.26 全体**部分递归函数**的集合 $\mathcal{P}$ 定义如下：

(1) 初始函数都属于 $\mathcal{P}$；

(2) $\mathcal{P}$ 对复合运算封闭；

(3) $\mathcal{P}$ 对原始递归运算封闭；

(4) 取极小：假设 $g \in \mathcal{P}$ 是 $n+1$ 元递归函数，则如下定义的 n 元函数 f 也属于 $\mathcal{P}$：

$$f(x_1, \cdots, x_n) = \mu y[g(x_1, \cdots, x_n, y) = 0],$$

其中，$\mu y[g(x_1, \cdots, x_n, y) = 0]$ 表示：

$$g(x_1, \cdots, x_n, y) = 0 \wedge \forall z < y[g(x_1, \cdots, x_n, z)\downarrow \neq 0]。$$

注 1.3.27 我们首先对取极小算子 μ 稍作解释。

(1) μ 在本质上是一种无界搜索。给定 $(a_1, \cdots, a_n)$，如果对任意 y，$g(a_1, \cdots, a_n, y)$ 的函数值总不为 0，则 f 在 $(a_1, \cdots, a_n)$ 处没有定义，因此是部分函数。所以，部分递归函数并不一定是全函数。

(2) 一旦包括了部分函数，条件 $\forall z < y[g(x_1, \cdots, x_n, z)\downarrow \neq 0]$ 就成为必需的。我们举个例子：假定 $g(x, y)$ 是一个可计算函数，$g(x, 5)\downarrow = 0$，但是 $g(x, 3)\uparrow$，且对其他的 $i < 5$，$g(x, i)\downarrow \neq 0$。设想一下一台图灵机或程序如何能在输入是 x 时，搜索到最小的 y 使 $g(x, y)$ 停机且值为 0。最直接的办法是从 $y = 0$ 开始，计算 $g(x, y)$。由于 $g(x, 0)\downarrow \neq 0$，我们接着算 $g(x, 1)$，它同样不等于 0，于是算 $g(x, 2)$，然后算 $g(x, 3)$，由于 $g(x, 3)\uparrow$，我们的算法也就永远算下去，因此该算法在输入 x 时不停机。

如果我们改进一下算法，采用分时（dovetailing）来计算 f 又会怎样呢？分时是计算机科学里的常用手段，在本书的后面也会经常用到。让我们说得详细一点。分时的基本想法是不把时间全部押在某个输入上，而是把时间分段分别用在不同的输入上。例如，我们不把所有时间都去拿来算 $g(x, 3)$，而是算几步 $g(x, 3)$，然后跳到 $g(x, 4)$ 算几步，然后又跳回 $g(x, 3)$ 算几步，之后是几步 $g(x, 4)$、几步 $g(x, 5)$，再跳回 $g(x, 3)$，等等。这样的好处是只要 $g(x, i)$ 有定义，我们最终总能算出 $g(x, i)$ 的值。精确做法如下：利用 $\mathbb{N} \times \mathbb{N}$ 与 $\mathbb{N}$ 的任何一个能行双射，我们可以能行地把 $\mathbb{N} \times (\mathbb{N} \setminus \{0\})$ 列出来，如

$$(0, 1), (0, 2), (1, 1), (0, 3), (1, 2), (2, 1), (0, 4), (1, 3), (2, 2), (3, 1), \cdots。$$

然后我们把前一个坐标看成输入，后一个坐标看成步数来计算；用先前的例子来说，就是先计算 $g(x, 0)$ 一步、然后算 $g(x, 0)$ 两步，然后算 $g(x, 1)$ 一步、$g(x, 0)$ 三步、$g(x, 1)$ 两步，等等。不难看出，分时的方法可以确保我们在某一步看到 $g(x, 5)$ 停机并且输出为 0。这样的分时对我们计算 $\mu y g(x, y) = 0$ 有帮助吗？答案是否定的，因为机器不知道对前面几个输入机器是否会停机，在这个例子里，我们还是不知道 $g(x, 3)$ 是否会是 0，所以它依然不能知道 5 就是满足条件的最小的 y。

(3) 省去条件

$$\forall z < y[g(x_1, \cdots, x_n, z)\downarrow \neq 0]$$

的无界搜索会产生不可计算的函数。参见习题 1.20。

注 1.3.28 部分递归函数包含递归函数，后者又包含原始递归函数。今后当我们打算强调一个部分递归函数 f 是全函数时，会称其为“递归全函数”。后面我们会看到（推论1.4.17），全体部分递归全函数的类恰好就是递归函数的类。

例 1.3.29 假设 $f_1, f_2, \cdots$ 是全体部分递归函数的枚举，定义

$$g(x) = \begin{cases} f_x(x)+1, & \text{如果} f_x(x)\downarrow, \\ \text{无定义}, & \text{否则。} \end{cases}$$

g 是部分递归的，但这并不会导致任何矛盾，因为 $f_x(x)$ 可能并没有定义，以上定义的 g 就是一个部分函数，从而不能再使用对角线方法证明 $g \neq f_x$ 了。历史上人们曾怀疑过是否有可能刻画所有直观可计算函数，因为对角线方法似乎总是一个潜在威胁。而这个例子说明，对角线方法只能对全函数起作用。

以下定理表明，部分递归函数是对原始递归函数的真扩张。

定理 1.3.30 *阿克曼函数是递归全函数。*

我们下面给出证明的梗概。基本思路是搜索一个“包含所有计算所需信息的编码”。这一方面说明极小算子带来的好处，另一方面，确认一个编码包含所有中间步骤的完整信息比确认最终答案要容易，这也是个有意思的事实，后面证明克林尼正规型定理时也会用到这一想法。当然这也不难理解，确认一个定理的证明是对是错比确认一个猜想是一个定理容易得多。

证明 比照阿克曼函数的定义，我们称一个三元组的有穷集合 S 为**好的**，如果它满足下列条件：

(1) 如果 $(0, y, z) \in S$，则 $z = y+1$；

(2) 如果 $(x+1, 0, z) \in S$，则 $(x, 1, z) \in S$；

(3)　如果 $(x+1, y+1, z) \in S$，则存在一个自然数 u，使得 $(x+1, y, u) \in S$ 且 $(x, u, z) \in S$。

一个好的三元组集 S 具有如下性质：如果 $(x, y, z) \in S$，则

(a)　$z = A(x, y)$；

(b)　S 包含计算 $A(x, y)$ 过程中所需的所有三元组 $(x', y', A(x', y'))$。

接下来我们把三元组 (x, y, z) 编码成 $\langle x, y, z\rangle = 2^{x+1}3^{y+1}5^{z+1}$；并把一个三元组的编码的有穷集 $\{u_1, \ldots, u_k\}$ 编码成 $\langle u_1, u_2, \ldots, u_k\rangle$。所以，一个三元组的有穷集可以被编码成一个自然数 v。

令 S_v 表示编码为 v 的三元组集，则谓词“$(x, y, z) \in S_v$”是原始递归的，因为它等价于“$\exists i < v((v)_i = \langle x, y, z\rangle)$”。更进一步，“$S_v$ 是一个好的三元组的集合”也是一个原始递归谓词（请读者证明之）。所以，谓词

$$R(x, y, v) := \text{“}v \text{ 是一个好的三元组集的编码并且 } \exists z < v\ ((x, y, z) \in S_v)\text{”}$$

也是原始递归的。于是函数 $f(x, y) = \mu v R(x, y, v)$ 是部分递归的。所以，函数 $A(x, y) = \mu z((x, y, z) \in S_{f(x,y)})$ 也是部分递归的，并且 $f(x, y)$ 和 $A(x, y)$ 都是全函数。 □

1.4　图灵可计算性与一般递归的等价性

我们已经有了刻画可计算性的两种版本：图灵可计算和部分递归。它们是否真的涵盖了我们对“可计算性”这一概念的全部直观呢？从哲学上讲，如果存在一个客观的可计算性概念，而图灵可计算和部分递归确实完整地刻画了它，那这两个精确版本的可计算性应该是等价的。另一方面，虽然它们的等价性并不足以严格地证明前者，但的确也算得上是一个强有力的证据。否则我们就需要对这种等价性作另外的解释，或者把它当作纯粹的偶然。

本节的中心内容是证明这两个版本的确是等价的。

定理　1.4.1　*一个函数是图灵可计算的，当且仅当它是部分递归的。*

我们将定理的两个方向分开来证明，每一小节证明一个方向。

1.4.1 从部分递归函数到图灵可计算函数

引理 1.4.2 *每个初始函数都是图灵可计算的。*

证明 参见习题1.1。 □

接下来我们验证图灵可计算函数类具有我们想要的封闭性。从一般计算机程序的角度看这是很自然的。但由于图灵机的特殊性（特别是纸带的限制），仍有一些细节需要讨论。例如，当我们在计算复合函数

$$g(h_1(x_1, x_2), h_2(x_1, x_2)) \tag{1.8}$$

的时候，就需要调用输入 x_1 和 x_2 两次，因此我们需要保存一个备份（例如，存在纸带上某个指定的区域，起存储器的作用），使得图灵机在计算 $h_1(x_1, x_2)$ 时，不会动到我们的备份。有些教科书以无穷存储机器作为计算的基本模型，最大的优越性就在这里。下面我们采取另一种方法，证明图灵机的纸带可以是单向无穷的，因而可以用"一半"纸带来保存必要的信息。当然这个命题本身也有它自己的意义。

引理 1.4.3 *任何一台（标准的）图灵机 M_1 都可以被一台纸带是单向无穷的图灵机 M_2 所模拟。*

证明 我们只给出证明概要。基本想法是先把双向无穷的纸带从中间剪开（见图1.4）。

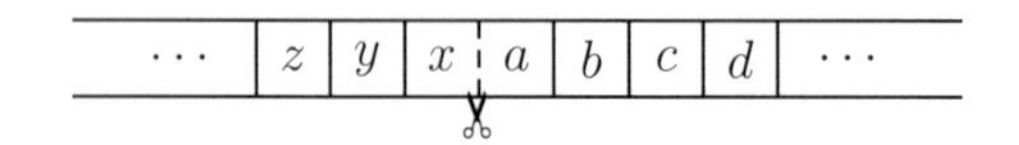

图 1.4 剪开双向无穷纸带

把左边的纸带反转，放到右边纸带的下方，并挑选一个不在 M_1 的字母表 A 中出现的新字符 \$，放置在最左端表示新纸带的左边界（见图1.5）。

<table>
<tr><td rowspan="2">$</td><td>$a$</td><td>$b$</td><td>$c$</td><td>$d$</td><td>$\cdots$</td><td></td><td></td></tr>
<tr><td>x</td><td>y</td><td>z</td><td>$\cdots$</td><td></td><td></td><td></td></tr>
</table>

图 1.5　左边纸带置于下方

把这两条平行的纸带想象成一条纸带的两轨，再把同一位置上下轨道中的符号（例如 a 和 x）改写成有序对（例如 (a,x)），并且扩充旧的字母表，添上 $A\times A$ 以包含所有这样的有序对（见图1.6)。图灵机 M_2 的单向无穷纸带看上去就是这样：

$	(a,x)	(b,y)	(c,z)	$(d,0)$	$(0,0)$	$\cdots$	

图 1.6　把同一位置的符号改为有序对

有了这些直观图像之后，我们就不难描述 M_2 应该怎样模拟 M_1 的计算过程了。

首先，把输入向右平移一格后，重新抄写到上半轨（例如，输入 1^{x+1} 就变成了 $(1,0)^{x+1}$），并在空出来的第一格写上左边界符号 $。细节我们留给读者。

接下来我们在双轨上模拟 M_1 的（“双向”）计算。细节如下：对每一个 M_1 的状态 q，M_2 都有一对状态 $(q,1)$ 和 $(q,2)$ 与之相应。状态 $(q,1)$ 用来模拟上轨的计算，$(q,2)$ 模拟下轨。假定 M_1 的四元组集为 δ_1。我们定义 M_2 的（用来模拟 M_1 计算的那部分的）四元组集 δ_2 如下：

(1) （在上轨上模拟 M_1）如果 $qaa'q'\in\delta_1$，则对每一个 $b\in A$，我们都把四元组 $(q,1)(a,b)(a',b)(q',1)$ 放入 δ_2；如果 $qaLq'\in\delta_1$（或分别地 $qaRq'\in\delta_1$），则对每一个 $b\in A$，我们都把四元组 $(q,1)(a,b)L(q',1)$（或分别地 $(q,1)(a,b)R(q',1)$）放入 δ_2。

(2)（在下轨上模拟 M_1）如果 $qaa'q' \in \delta_1$，则对每一个 $b \in A$，我们都把四元组 $(q,2)(b,a)(b,a')(q',2)$ 放入 δ_2；如果 $qaLq' \in \delta_1$（或分别地 $qaRq' \in \delta_1$），则对每一个 $b \in A$，我们都把四元组 $(q,2)(b,a)R(q',2)$（或分别地 $(q,2)(b,a)L(q',2)$）放入 δ_2。注意：我们这里掉转了读写头的运动方向。

(3)（轨道转换）对 M_1 的每一个状态 q，我们都把四元组 $(q,1)\$R(q,2)$ 和 $(q,2)\$R(q,1)$ 放入 δ_2 中。

我们不难看出：M_2 可以一步一步地模拟 M_1 的计算，即：如果 M_1 可以从格局 C_1 中产生格局 C_2，则 M_2 也可以从与 C_1 相应的格局 D_1 中产生与 C_2 相应的格局 D_2。证明细节我们略去。

最后，一旦 M_1 的计算停机了，M_2 则转入收尾状态：将纸带从双轨变回为单轨，使得纸带上 1 的个数等于上下轨上原有的 1 个数的总和，删掉左边界符号 \$，将读写头移到第一个 1 之上（如果输出不是 0），停机。□

推论 1.4.4 *任何一个图灵可计算函数 h 都可以被一台加了如下限制的图灵机计算：在初始格局中，纸带上有一个不在字母表中的新字符 \$，它可以在事先给定的任何位置，只要不混在输入字符串中间。在计算完成后，\$ 左边的纸带内容不变，而且输出字符串的位置起始于 \$ 右边第一格。*

引理 1.4.5 *图灵可计算函数类对复合运算封闭，即：令*

$$f(x_1,x_2,\cdots,x_n)=g(h_1(x_1,x_2,\cdots,x_n),\cdots,h_r(x_1,x_2,\cdots,x_n))。$$

如果 g 和 $h_1,\cdots,h_r$ 都是图灵可计算的，则 f 也是。

证明概要：利用推论1.4.4，并引入 $r+1$ 个新字符，分别用来标记纸带上储存输入 $x_1,x_2,\cdots,x_n$ 和中间过渡的输出 $y_i=h_i(x_1,x_2,\cdots,x_n)$（$i=1,\cdots,r$）的区域。这些过渡输出是通过已给的计算 h_i 的子程序而产生的。再调用已给的计算 g 的程序来计算 $g(y_1,y_2,\cdots,y_r)$，并在计算完成后清理纸带，把它变成规定的输出格局即可。

类似地，我们也有如下引理，证明我们留给读者，参见习题1.21。

引理 1.4.6 *图灵可计算函数类对原始递归和极小算子都是封闭的。*

根据引理1.4.2、1.4.5和1.4.6，我们就证明了下面的定理。

定理 1.4.7 任何部分递归函数都是图灵可计算的。

1.4.2 从图灵可计算函数到部分递归函数

我们现在考虑另外一个方向，即：图灵可计算的函数都是部分递归的。证明的思路是这样的：我们首先借助哥德尔编码（这是原始递归的）将图灵机这个有穷对象进行编码，实际上就是将图灵机 M 的所有"硬件和软件"的重要信息（例如格局和程序等）都通过编码的方式转换成自然数。我们用符号$\ulcorner O \urcorner$表示对象 O 的编码，然后证明通过编码，图灵机的整个计算过程可以借助递归谓词和部分递归函数进行描述。

我们首先假定图灵机的字母表为 $A = \{0, 1\}$，其中 0 是空白。对于表示方向的两个符号，我们定义$\ulcorner L \urcorner = 2$ 和$\ulcorner R \urcorner = 3$。规定 M 的状态集 Q 为自然数的子集 $\{4, 5, \cdots, n\}$，其中状态 4 代表初始状态 q_s 且状态集中最大的自然数 n 代表停机状态 q_h。

接下来我们把每个四元组 $qaa'q'$ 编码成 $\langle q, a, a', q' \rangle = 2^{q+1}3^{a+1}5^{a'+1}7^{q'+1}$。如果 M 的四元组集为 $\delta = \{s_1, s_2, \cdots, s_m\}$，我们定义它的编码$\ulcorner \delta \urcorner = \langle n, s_1, s_2, \cdots, s_m \rangle$，其中 n 是停机状态。事实上，$e = \ulcorner \delta \urcorner$ 包含了 M 中所有计算所需的信息，我们把它规定为 M 的编码，即 $e = \ulcorner M \urcorner$。

定义 1.4.8 我们用 M_e表示其哥德尔数为 e 的图灵机，用 $\Phi_e^{(n)}$ 表示由 M_e 计算的 n 元部分函数，并且以 Φ_e 表示 $\Phi_e^{(1)}$。e 称为图灵机或图灵可计算函数的**指标**。我们用 $M_{e_1} = M_{e_2}$ 表示 M_{e_1} 和 M_{e_2} 计算的是同一个部分函数。

当然，具体的编码方式并不重要，重要的是编码和解码可以能行地进行，也就是说，我们可以能行地从编码$\ulcorner M \urcorner$得到关于图灵机 M 全部程序。例如，我们有下面的引理。

引理 1.4.9 下列关于图灵机编码的谓词都是原始递归的："e 是一个图灵机（程序）的编码"、"图灵机 e 中包含四元组 s"和"状态 q 是图灵机 e 的停机状态"。

证明 参见习题1.24。 □

我们接着给格局编码。给定一个格局 $C = \cdots b_1 b_0 q a c_0 c_1 \cdots$。注意：靠近读写头的脚标较小，并且字母表只有 $\{0,1\}$。定义读写头左右两边纸带内容的编码分别为 $x = \sum b_i 2^i$ 和 $y = \sum c_i 2^i$，需要注意的是，这里的和实际上是有穷和。定义格局 C 的编码 $\ulcorner C \urcorner$ 为

$$\ulcorner C \urcorner = \langle x, q, a, y \rangle = 2^{x+1} 3^{q+1} 5^{a+1} 7^{y+1}。$$

引理 1.4.10 谓词"c 是一个格局的编码"是原始递归的。

证明 参见习题1.25。 □

第二步: 模拟计算过程。有了格局编码之后，图灵机的计算过程就成为格局编码之间的转换过程。我们定义一些函数来描述这些转换，并且论证它们都是原始递归的。

给定一个图灵机 M 的编码 $e = \ulcorner M \urcorner$。我们引进下列函数来描述整个计算过程。

- **输入函数** $IN(x_1, x_2, \cdots, x_n) = \ulcorner C_0 \urcorner$，其中 C_0 是初始格局

$$q_s\ 1^{x_1+1} 0 1^{x_2+1} 0 \cdots 0 1^{x_k+1}。$$

- **转换函数** $NEXT$ 描述一步计算：$NEXT(e, c) = d$ 当且仅当 c 和 d 分别是格局 C 和 D 的编码，并且 C 产生 D。注意：这里 C 产生 D 是与图灵机的码 e 有关的。而且我们这里的描述是统一的，即可以适用于任何 e。

- 谓词 $TERM(e, c)$ 表示 c 是某个终止格局的编码。注意：这也与图灵机的码 e 有关。

- **输出函数** $OUT(c)$ 用来从终止格局的编码 c 中读出输出的值。实际上，我们可以定义得更宽一点，即：如果 $c = \ulcorner C \urcorner$ 且 $C = q1^y$（其中 q 是任意状态），则 $OUT(c) = y$。

引理 1.4.11 *函数 IN，OUT，$NEXT$ 和谓词 $TERM$ 都是原始递归的。*

证明 让我们验证 $TERM$ 是原始递归的，其余部分留作习题，参见习题1.26。$TERM(e,c)$ 成立当且仅当 c 是某个格局的编码，且 $(c)_1$（即 c 的第二个分量 q）是图灵机 e 的停机状态 $(e)_1$（即 e 的第一个分量 n）。根据引理1.4.9和引理1.4.10，$TERM$ 是原始递归的。 □

定义 1.4.12 *谓词 $T(e,x,z)$定义为"z 是程序 e 对输入 x 的计算过程的编码"，称为***克林尼 T 谓词**。

引理 1.4.13 *克林尼 T 谓词$T(e,x,z)$ 是原始递归的。*

证明 只需注意 $T(e,x,z)$ 成立，当且仅当"z 是一个格局的有穷序列 $\langle\ulcorner C_0\urcorner,\cdots,\ulcorner C_m\urcorner\rangle$ 的编码，并且 $\ulcorner C_0\urcorner = IN(x)$ 和 $(\forall i<m)NEXT(e,\ulcorner C_i\urcorner) = \ulcorner C_{i+1}\urcorner$ 和 $TERM(e,\ulcorner C_m\urcorner)$"。 □

第三步：利用 μ-算子来寻找计算过程的编码，即克林尼 T 谓词$T(e,\vec{x},z)$ 中的 z。

这样，下列定理就完成了定理1.4.1另一个方向的证明。

定理 1.4.14 *如果一个函数 f 是图灵可计算的，则它是部分递归的。*

证明 假设 f 可以被图灵机 e 计算。对于任意的 $\vec{x}$，我们首先用 μ-算子来寻找计算过程的编码 z。一旦我们找到了 z，则取出它的最后一项 $\ulcorner C_m\urcorner$；$f(\vec{x})$ 的值就是 $OUT(\ulcorner C_m\urcorner)$。由于 $T(e,\vec{x},z)$ 和 OUT 都是原始递归的，$f(\vec{x})$ 是部分递归的。 □

1.4.3　丘奇论题

回到本节一开始的讨论，图灵可计算与部分递归的等价性是一个数学定理。除非你把它看作一个偶然的现象，否则对这一结果的最好解释就是：我们的确拥有一个客观的可计算性概念，而且图灵可计算和递归函数正好刻画了这一概念。这被总结为以下命题：

丘奇论题 直观上的可计算函数类就是部分递归函数构成的类，因而也就是图灵可计算函数类。

我们称它为论题，是因为它不同于数学定理，它不是一个严格的命题，但在递归论中却经常用到。我们常常用“高级语言”写一个计算某个函数 f 算法，然后“根据丘奇论题”断言，f 是部分递归的。这样做的优点是避免了对 f 生成过程的繁琐讨论，直观上又非常清楚，而且又有一定的理论根据。

记法 1.4.15 有了定理1.4.1和丘奇论题，我们随时会称之为**可计算函数**，而在具体情况下随意使用图灵可计算的定义或部分递归函数的定义。类似地，以**可判定的**统一称呼图灵可判定或递归可判定的关系或集合。同时，图灵可计算函数 Φ_e 的指标也对应于部分递归函数的指标。

1.4.4 克林尼正规型定理

定理1.4.1建立了可计算函数类的数学表述与机械表述的等价性。有了它我们就可以利用对程序的直观来理解部分递归函数类的性质。下述定理是其中一例，值得注意的是，它的发现远早于现代计算机的产生。

定理 1.4.16（克林尼） *存在原始递归函数 $U:\mathbb{N}\to\mathbb{N}$ 和原始递归谓词 $T(e,x,z)$，使得对任意的部分递归函数 $f:\mathbb{N}\to\mathbb{N}$，都存在一个自然数 e，满足 $f(x)=U(\mu z\, T(e,x,z))$。*

证明 见引理1.4.14的证明。 □

从克林尼正规型定理，我们有许多重要推论。首先，它在下述意义上澄清了 μ-算子在递归函数定义中的作用。

推论 1.4.17 *一个函数是递归的当且仅当它是部分递归的全函数。*

证明 （$\Rightarrow$）同原始递归函数类似，每个递归函数也有一个生成序列。注意到正则性条件保证了对全函数使用正则极小算子仍得到全函数，通过对生成序列归纳，我们很容易得到每个递归函数都是全函数。而根据定义，显然递归函数都是部分递归的。

（$\Leftarrow$）假定 f 是一个部分递归的全函数。根据克林尼正规型定理，对某个自然数 e，我们有 $f(x) = U(\mu z\, T(e,x,z))$。所以，我们只是用 μ-算子一次，而且是对一个原始递归谓词 $T(e,x,z)$ 使用的。由于 f 是全函数，因此对任意的 x，满足 $T(e,x,z)$ 的 z 总是存在的，即这个极小算子是正则的。因此，f 是递归的。 □

利用克林尼正规型定理，我们还可以立刻得出通用函数的存在性。

定理　1.4.18（通用函数定理）　存在一个通用的部分递归函数，即：存在一个二元的部分递归函数 $\Phi : \mathbb{N}^2 \to \mathbb{N}$，满足：对任何的一元递归函数 $f : \mathbb{N} \to \mathbb{N}$，都存在一个自然数 e，使得对所有 x 都有 $f(x) = \Phi(e,x)$。

证明　只要取 $\Phi(e,x) = U(\mu z\, T(e,x,z))$ 即可。 □

与之形成对照的是，对于递归（全）函数，这样的通用函数不存在，这也是我们考虑部分递归函数的原因之一。

定理　1.4.19　对递归函数来说不存在通用函数，即：不存在递归函数 $T : \mathbb{N}^2 \to \mathbb{N}$，满足：对任何的一元递归函数 $f : \mathbb{N} \to \mathbb{N}$，都存在一个自然数 e，使得对所有 x 都有 $f(x) = T(e,x)$。

证明　参见习题1.27。 □

最后我们再给一个例子，它说明有些部分递归函数是不能通过把递归函数限制到它的定义域上而得到。因此，部分递归函数类实质地扩张了递归函数类。

命题 1.4.20　存在一个部分递归函数 $f(x)$，使得对任何递归（全）函数 $g(x)$，都存在自然数 $n \in \mathrm{dom}(f)$，使得 $f(n) \neq g(n)$。

证明　令 $f(x) = \Phi(x,x) + 1$，其中 $\Phi(x,y)$ 为通用函数。考察任何一个递归全函数 g。固定 m，使得 $g(x) = \Phi(m,x)$。由于 $g(x)$ 是全函数，因此 $\Phi(m,m)$ 是有定义的，因而 $m \in \mathrm{dom}(f)$。但我们有 $f(m) = \Phi(m,m) + 1 \neq \Phi(m,m) = g(m)$。 □

1.5 递归定理

在 1.4 节末尾我们引进了通用函数 $\Phi(e,x)$。它的存在使得我们可以能行地把所有的一元部分递归函数枚举出来：

$$\Phi_0(x), \Phi_1(x), \cdots,$$

其中 $\Phi_e(x)=\Phi(e,x)$，同时规定：当 e 不是机器的编码时，令 $\Phi_e(x)$ 代表空函数。n 元部分递归函数则用 $\Phi_e^{(n)}(x_1,\cdots,x_n)$ 来枚举。

1.5.1 s-m-n 定理

我们首先证明一个非常有用的引理，它让我们可以灵活地把参数 e 在脚标和自变元之间移动。

引理 1.5.1（s-m-n 定理） *令 $\Phi:\mathbb{N}^2\to\mathbb{N}$ 为一个二元部分递归函数，则存在一个原始递归函数 $g:\mathbb{N}\to\mathbb{N}$，使得对所有的 e 和 x，*

$$\Phi_{g(e)}(x)=\Phi(e,x)。$$

进一步地，还可以将 g 选为单射。

s-m-n 定理还有一个一般的形式，有时被称作参数定理。

定理 1.5.2（克林尼 s-m-n 定理一般形式） *令 m,n 为正整数，则存在原始递归的单射 $s_n^m:\mathbb{N}^{m+1}\to\mathbb{N}$，使得对任意 $x\in\mathbb{N},\vec{y}\in N^m$，都有*

$$\Phi^{(n)}_{s_n^m(x,\vec{y})}(\vec{z})=\Phi_x^{(m+n)}(\vec{y},\vec{z}),$$

其中带括号的上标指的是维数，即 $\Phi_e^{(n)}$ 为第 e 个 n 元递归函数。

顺带说一句，s-m-n 定理的名称源自这个一般形式，注意它不是苏亚雷斯、梅西和内马尔定理。

我们下面证明引理 1.5.1。机器程序的直观常常给递归论的证明带来诸多方便，下面的证明便是一个例子。

证明　令 M 为一个计算二元函数 Φ 的图灵机。我们无妨设它的状态为 6（起始状态），7，$\cdots$，r。又令 $P(e)$ 为一个图灵机，其中自然数 e 作为参数出现。对输入 x，该机器从纸带 $\underline{1}1^x$ 起始，结束于 $\underline{1}1^e01^{x+1}$，下划线表示读写头的位置。我们不妨进一步假设 $P(e)$ 的起始状态为 4，停机状态为 5，其他的状态为 $r+1,\cdots,r+t$。

于是给定 e，图灵机$P(e)M$（它是 $P(e)$ 和 M 的串接，即先用 $P(e)$ 再用 M）便可计算（作为 x 的）一元函数 $\Phi(e,x)$ 的值。我们定义 $g(e)$ 为 $P(e)M$ 的标准编码。很容易看出 g 是原始递归的而且正是我们所要的。

为了让 g 成为单射，我们利用每一个可计算函数都有无穷多图灵机计算它这一事实（只需在其中不断添加无用也无害的指令，即可得到不同的图灵机）。由于这一事实本身也很有用（特别是在计算机科学中），常被称为“填充引理”（padding lemma）：

引理　1.5.3　*每一部分递归函数* Φ_e *都有无穷多个指标，即* $I=\{i:\Phi_i=\Phi_e\}$ *是无穷的，而且我们可以能行地找出一个无穷子集* $A_e\subseteq I$。

回到 s-m-n 定理，利用填充引理，我们能行地枚举出函数 $\Phi_{g(e)}$ 越来越多的指标，直到发现一个大于所有 $g(i)(i<e)$ 为止。　□

1.5.2　递归定理

在本小节中，我们将证明递归论中最优美也是最重要的定理之一——递归定理。它与哥德尔不动点引理类似，给我们提供了使用自指示技术的绝佳工具。注意：本书中所提到的递归函数，如果不加“部分”二字，均指的是递归全函数。

定理　1.5.4（克林尼）　*令* f *为一个递归函数，则存在一个自然数* n，*使得*

$$\Phi_{f(n)}=\Phi_n。$$

证明　考察部分递归函数

$$\Phi(x,y)=\begin{cases}\Phi_{f(\Phi_x(x))}(y), & \text{如果 } \Phi_x(x) \text{ 有定义；}\\ \uparrow, & \text{否则。}\end{cases}$$

根据 s-m-n 定理，存在一个递归函数 $s(x)$ 使得 $\Phi_{s(x)}(y) = \Phi(x, y)$。

令 m 为 $s(x)$ 的一个指标，即 $\Phi_m = s$。我们有

$$\Phi_{\Phi_m(x)}(y) = \Phi_{f(\Phi_x(x))}(y)。$$

令 $x = m$ 和 $n = \Phi_m(m)$。我们得到

$$\Phi_n = \Phi_{f(n)}。$$

□

下面的例子说明，借助递归定理，我们可以枚举一个集合就好像我们事先已经知道了它的指标似的。

例 1.5.5 存在一个自然数 n 使得 $W_n = \{n\}$，这里我们用 W_e 表示部分递归函数 Φ_e 的定义域。

证明 根据 s-m-n 定理，存在一个递归函数 f，使得

$$\Phi_{f(x)}(y) = \begin{cases} 0, & \text{如果 } x = y; \\ \uparrow, & \text{否则。} \end{cases}$$

取 n 为函数 f 的不动点，则有 $W_n = W_{f(n)} = \{n\}$。 □

接下来我们给出递归定理推广的若干版本。

推论 1.5.6 假定 f 是一个递归函数，则存在任意大的自然数 n，使得 $\Phi_{f(n)} = \Phi_n$。

证明 任取自然数 k，固定一个指标 c，使得

$$\Phi_c \neq \Phi_0, \Phi_1, \cdots, \Phi_k。$$

定义函数

$$g(x) = \begin{cases} c, & \text{如果 } x \leq k; \\ f(x), & \text{否则。} \end{cases}$$

令 n 为 g 的一个不动点，即 $\Phi_{g(n)} = \Phi_n$。根据 c 的选择，$n > k$。所以 $\Phi_n = \Phi_{g(n)} = \Phi_{f(n)}$。 □

定理 1.5.7（带参数的递归定理）　如果 $f(x,y)$ 是一个递归函数，则存在一个一对一的递归函数 $n(y)$，使得 $\Phi_{n(y)} = \Phi_{f(n(y),y)}$。

证明　根据 s-m-n 定理，存在一个递归的单射 $s(x,y)$，使得

$$\Phi_{s(x,y)} = \Phi_{f(\Phi_x(x),y)}。$$

仍据 s-m-n 定理，存在一个递归单射 $m(y)$，使得 $s(x,y) = \Phi_{m(y)}(x)$。所以，

$$\Phi_{\Phi_{m(y)}(x)} = \Phi_{f(\Phi_x(x),y)}。$$

令 $x = m(y)$ 及 $n(y) = \Phi_{m(y)}(m(y))$，我们有 $\Phi_{n(y)} = \Phi_{f(n(y),y)}$，而且 $n(y) = s(m(y),y)$ 是单射。□

递归定理的证明出奇地简明，但又有些神秘。有这样一则轶事很能体现这种神秘性。[①] A 教授是著名数理逻辑学家，得到克林尼的真传，递归定理用得出神入化。有一次他和 B 教授聊天时，A 教授说："递归定理真是太神奇了，我用它用了无数次，但我从不明白它说的是什么。""真的吗？"B 教授接口道，"我跟你讲，它是这么这么一回事"。"从那时起，我平生第一次明白了递归定理到底说的是什么"，A 教授后来回忆说，"但我再也不知道如何用它了！"

正文中递归定理的证明是克林尼的。他曾试图用对角线方法造矛盾，矛盾虽然没造出来却收获了递归定理。我们知道的唯一一个不同的证明是俄罗斯数学家卡里姆林告诉我们的。证明如下：回忆一下，我们在《数理逻辑：证明及其限度》中讲过数对编码函数 $\langle u,v\rangle \mapsto z$，以及相应的解码函数 $(z)_0 : z \mapsto u$，$(z)_1 : z \mapsto v$；它们都是原始递归的。给定递归函数 f，根据 s-m-n 定理，存在递归函数 $s(n)$，使得 $\Phi_{s(n)}(x) = \Phi_n(\langle n,x\rangle)$。所以，$\Phi(\langle n,x\rangle) = \Phi_{f(s(n))}(x)$ 也是一个部分递归函数（你愿意的话，可以利用解码函数写成 $\Phi(z) = \Phi_{f(s((z)_0))}((z)_1)$）。令 a 为 Φ 的一个指标，即 $\Phi(z) = \Phi_a(z)$，且 $n_0 = s(a)$，则

$$\Phi_{f(n_0)}(x) = \Phi_{f(s(a))}(x) = \Phi(\langle a,x\rangle) = \Phi_a(\langle a,x\rangle) = \Phi_{s(a)}(x) = \Phi_{n_0}(x),$$

① 故事应该是真实的，但由于我们是二手的消息，姑且将人名隐去。

即 n_0 是我们想要的不动点！

关于递归定理与对角线法的联系，奥因斯给出如下的说明：首先将每个递归函数 h 对应到一个部分递归函数的枚举 $\mathbf{E}$：

$$\Phi_{h(0)}, \Phi_{h(1)}, \Phi_{h(2)}, \ldots,$$

如果在不属于 h 定义域的点 i，我们将 $\Phi_{h(i)}$ 视为空函数，则上述对应也适用于部分递归函数。这样我们就有所有可能的能行枚举：

$$\begin{array}{lllllll}
\mathbf{E}_0: & \Phi_{\Phi_0(0)} & \Phi_{\Phi_0(1)} & \Phi_{\Phi_0(2)} & \cdots & \Phi_{\Phi_0(k)} & \cdots \\
\mathbf{E}_1: & \Phi_{\Phi_1(0)} & \Phi_{\Phi_1(1)} & \Phi_{\Phi_1(2)} & \cdots & \Phi_{\Phi_1(k)} & \cdots \\
\mathbf{E}_2: & \Phi_{\Phi_2(0)} & \Phi_{\Phi_2(1)} & \Phi_{\Phi_2(2)} & \cdots & \Phi_{\Phi_2(k)} & \cdots \\
\vdots & \vdots & \vdots & \vdots & \ddots & \vdots & \cdots \\
\mathbf{E}_k: & \Phi_{\Phi_k(0)} & \Phi_{\Phi_k(1)} & \Phi_{\Phi_k(2)} & \cdots & \Phi_{\Phi_k(k)} & \cdots \\
\vdots & \vdots & \vdots & \vdots & \cdots & \vdots & \cdots
\end{array}$$

接下来我们把对应于 $h(x) = \Phi_x(x)$ 的枚举 $\mathbf{D}$ 称为对角枚举：

$$\mathbf{D}: \ \Phi_{\Phi_0(0)}, \ \Phi_{\Phi_1(1)}, \ \Phi_{\Phi_2(2)}, \ \ldots。$$

假定 f 是一个递归函数，将它施于对角枚举 $\mathbf{D}$ 上，我们就得到另外一个枚举 $\mathbf{D}^*$：

$$\mathbf{D}^*: \ \Phi_{f(\Phi_0(0))}, \ \Phi_{f(\Phi_1(1))}, \ \Phi_{f(\Phi_2(2))}, \ \ldots,$$

这个 $\mathbf{D}^*$ 必定出现在某一行，比如说是 m 行，即，$\mathbf{D}^* = \mathbf{E}_m$。

$$\begin{array}{llllllll}
\mathbf{D}: & & & & & & & \\
 & \searrow & & & & & & \\
 & \mathbf{E}_0: & \Phi_{\Phi_0(0)} & \cdots & & & & \\
 & \mathbf{E}_1: & \vdots & \Phi_{\Phi_1(1)} & \cdots & & & \\
 & & & \vdots & \Phi_{\Phi_2(2)} & \cdots & & \\
 & & & & \vdots & \ddots & & \\
\mathbf{D}^* = & \mathbf{E}_m: & \Phi_{f(\Phi_0(0))} & \Phi_{f(\Phi_1(1))} & \Phi_{f(\Phi_2(2))} & \cdots & \Phi_{f(\Phi_m(m))} & = \Phi_{\Phi_m(m)}
\end{array}$$

考察对角线上第 m 个位置，我们有

$$\Phi_{\Phi_m(m)} = \Phi_{f(\Phi_m(m))},$$

所以，$n = \Phi_m(m)$ 就是我们想要的不动点。

卡里姆林的证明也有类似的直观，有兴趣的读者可以试着把它找出来。

1.6 递归可枚举集

1.6.1 基本概念

定义 1.6.1 我们称一个自然数的子集 A 为**递归可枚举**的，简称为 r.e. 的[①]，如果 $A = \emptyset$ 或者 A 是某个递归（全）函数 $f : \mathbb{N} \to \mathbb{N}$ 的值域，即 $A = \{y : \exists x(f(x) = y)\}$。

在计算机科学中，人们常常把图灵机视为某种“接受器”（acceptor）；对每个输入 n，该机器输出 1 或 0 或永不停机，其中输出 1 表示“接受”，0 表示“不接受”。这样也可以说：一个集合是递归可枚举的，当且仅当有一个图灵机接受该集合中的元素；而一个集合是递归的，当且仅当有一个对所有输入都停机的图灵机接受该集合中的元素。此外，在计算机科学中，人们也把图灵机视为某种“生成器”（generator）；粗略地说，这样的图灵机没有输入，仅有一个只能写不能改的输出纸带，该机器仍按通常的方式运行，而且可以永远运行下去，在运行过程中，它时不时地会在输出纸带上写一些数字，这些数字的集合就是这台图灵机生成的集合。这样看的话，一个集合是递归可枚举的当且仅当有一个图灵机生成它。由于我们这段话的目的是给大家提供一些直观，我们就不再进一步严格解释了。

我们马上会看到递归可枚举集还有很多等价的刻画。选择递归函数的值域作为基本定义，原因是它更能说明“枚举”这个词。例如，

$$f(0) = 7, f(1) = 2, f(2) = 7, f(3) = 9, \cdots,$$

① “r.e.”为英文“recursively enumerable”的缩写。

我们很自然地会联想到一个枚举过程，第一个元素为 7, 第二个为 2，第三个仍是 7（我们允许重复枚举），等等。如果这个枚举过程是能行的，或精确地说，f 是递归的，则 $A = \mathrm{ran}(f) = \{7, 2, 7, 9, \cdots\}$ 就是一个递归可枚举集。此外，递归枚举也让我们自然地会联想"能行地或系统地产生"。例如，所有普遍有效的闭语句可以能行地从逻辑公理中"产生"出来（通过列出它们的证明序列），因此，它们哥德尔编码的集合是递归可枚举的。

引理 1.6.2 令 A 为自然数 $\mathbb{N}$ 的一个子集，则下列命题等价：

(1) A 是递归可枚举的。

(2) A 是空集或 A 是某个原始递归函数的值域。

(3) A 是某个部分递归函数的值域。

(4) A 的部分特征函数是部分递归的，其中 A 的部分特征函数 $\chi_{A_P}(x)$ 定义如下：

$$\chi_{A_P}(x) = \begin{cases} 1, & \text{如果 } x \in A; \\ \text{没有定义}, & \text{否则。} \end{cases}$$

(5) A 是某个部分递归函数的定义域。

(6) 存在一个二元递归谓词 $R(x, y)$（事实上可取为原始递归谓词），使得 A 具有下列形式：$A = \{x : \exists y\ R(x, y)\}$。

在证明之前，我们先解释一下每条等价定义的意义。前 3 条是一组，说明对一个非空的递归可枚举集来说，我们可以放松或收紧枚举它的函数的条件。(4) 说明用特征函数来刻画递归可枚举集是不方便的（参见习题1.35）。顺便提一句，"递归可枚举"只能用来形容集合，称一个函数为"递归可枚举"是没有意义的。(5) 说明从可计算的角度看，一个函数的定义域和值域区别不大。(6) 实际上是从可定义性（或者说从定义的语法形式）上来刻画递归可枚举集的。

证明 我们证明"(3) $\Rightarrow$ (2) $\Rightarrow$ (1) $\Rightarrow$ (6) $\Rightarrow$ (5) $\Rightarrow$ (4) $\Rightarrow$ (3)"。

"(3) ⇒ (2)"：假设集合 A 满足 (3) 的条件，即：对某个部分递归函数 $f(x)$，$A=f[\mathbb{N}]$。根据克林尼正规型定理，存在原始递归函数 $U:\mathbb{N}\to\mathbb{N}$、原始递归谓词 $T(e,x,z)$ 和自然数 $e_0\in\mathbb{N}$，使得 $f(x)=U(\mu z\ T(e_0,x,z))$。如果 $A=\emptyset$，则 (2) 显然成立。如果 $A\neq\emptyset$，则固定任何一个 $a_0\in A$，定义 $F:\mathbb{N}^2\to\mathbb{N}$ 如下：

$$F(x,n)=\begin{cases} U(\mu z\leq n\ T(e_0,x,z)), & \text{如果 } \exists z\leq n\ T(e_0,x,z);\\ a_0, & \text{否则。}\end{cases}$$

F 是原始递归的，并且 $F[\mathbb{N}^2]=A$（练习）。最后令 $g(z)=F((z)_0,(z)_1)$，其中 $(z)_0$ 和 $(z)_1$ 是标准的原始递归的解码函数，我们就得到了 (2) 所需要的一元原始递归函数 g。

"(2) ⇒ (1)"：显然任何原始递归函数都是递归函数。

"(1) ⇒ (6)"：如果 $A=\emptyset$，则取 $R=\emptyset$。现假定 $A\neq\emptyset$ 且 $A=f[\mathbb{N}]$ 是某个递归函数 f 的值域。令 $R(x,y)$ 为谓词 $|f(y)-x|=0$。它是递归的，因为 $f(x)$ 是递归的。并且 $x\in A$ 当且仅当 $\exists y\ R(x,y)$。

"(6) ⇒ (5)"：假定对某个递归谓词 R，我们有 $A=\{x:\exists y\ R(x,y)\}$。令 $g(x)=\mu yR(x,y)$，则 g 是部分递归的，且 $\mathrm{dom}(g)=A$。

"(5) ⇒ (4)"：假定 $A=\mathrm{dom}(g)$ 是某个部分递归函数 g 的定义域。令 C_1 为恒等于 1 的常函数 $C_1(x)=1$，则 $\chi_{A_P}(x)=C_1\circ g$，所以它是部分递归的。

"(4) ⇒ (3)"：假定 A 的部分特征函数 χ_{A_P} 是部分递归的。考察函数 $f(x)=x\cdot\chi_{A_P}(x)$。容易看出 f 是部分递归的，且 $\mathrm{dom}(f)=\mathrm{dom}(\chi_{A_P})=A$。此外，对所有 $a\in A$，我们有 $f(a)=a\cdot 1=a$，所以 (3) 成立。 □

记法 1.6.3 由于引理1.6.2的（5），令 W_e 是部分递归函数 Φ_e 的定义域，我们今后用 W_e 表示 Φ_e 所确定的递归可枚举集。

递归可枚举集的一个直观解释是我们可以能行地得到该集合元素的"正面"信息，即：如果一个自然数 a 属于某个递归可枚举集，则我们可以能行地确认这一事实。但我们没有它的"负面"信息，即：如果 a 不属于该集合，我们或许会等到永远。从这个直观上看，下列刻画递归集与递归可枚举集关系的定理是很自然的。

定理 1.6.4 一个自然数的集合 A 是递归的，当且仅当集合 A 和它的补集 $\mathbb{N} \setminus A$ 都是递归可枚举的。

证明 参见习题1.33。 □

我们再看几个例子，以增加我们对概念的理解。

例 1.6.5 考虑以下函数的可计算性：

(1) 定义函数

$$f(x) = \begin{cases} 1, & \text{如果哥德巴赫猜想是对的；} \\ 0, & \text{否则。} \end{cases}$$

(2) 定义函数

$$g(x) = \begin{cases} 1, & \text{如果 } \pi \text{ 的展开式中至少有 } x \text{ 个连续的 } 6\text{；} \\ 0, & \text{否则。} \end{cases}$$

(3) 定义函数

$$h(x) = \begin{cases} 1, & \text{如果 } \pi \text{ 的展开式中恰好有 } x \text{ 个连续的 } 6\text{；} \\ 0, & \text{否则。} \end{cases}$$

（1）作为一个算术命题，哥德巴赫猜想即“任何大于 2 的偶数都可以表示成两个素数的和”，要么为真，要么为假。无论是哪种情况，f 都是常数函数，所以是可计算的，虽然我们不知道它是哪个可计算函数，是 $C_1^1(x) = 1$，还是 $C_0^1(x) = 0$。

（2）令 α 为命题：“对任意 x，π 展开式中至少有 x 个连续的 6”，则 α 或者为真，或者为假。如果 α 为真，则 g 是常数函数 $C_0^1(x) = 1$；否则，存在一个自然数 k，

$$g(x) = \begin{cases} 1, & x \leq k\text{；} \\ 0, & x > k\text{。} \end{cases}$$

无论哪种情况，g 都是可计算的。同样，我们不知道它到底是哪个可计算函数。

（3）对任意 x，如果 π 的展开式中确实“恰好”有 x 个连续的 6，那我们在有穷步内会知道 $h(x)=1$。但是如果没有，我们并不能在有穷步内可以断定这一点。所以，至少就目前我们对 π 展开式的知识来说，我们不知道 h 是可计算的。但如果我们定义函数

$$h'(x)=\begin{cases}1, & \text{如果 } \pi \text{ 的展开式中恰好有 } x \text{ 个连续的 } 6;\\ \uparrow, & \text{否则,}\end{cases}$$

则 h' 是可计算的。只需让 M_e 是这样的图灵机：在 π 的展开式中寻找连续的 6，对任意 x，如果找到 x 个，就停机并输出 1；如果找不到就不停机，说明 x 不属于 h' 的定义域。因此，如果 x 属于 h' 的定义域，则 M_e 在输入 x 后总能在有穷步内停机，并回答“是”；如果 x 不属于 h' 的定义域，则它不能在有穷步内回答“否”。

注 1.6.6　虽然我们在定义1.6.1中只对 $\mathbb{N}$ 的子集定义了递归可枚举这个概念，我们可以很自然地把它推广到 $\mathbb{N}^k$ 的子集上。例如，我们可以利用任何的原始递归的双射 $\phi:\mathbb{N}^k\to\mathbb{N}$，定义 $A\subseteq\mathbb{N}^k$ 是递归可枚举的，如果 A 在 ϕ 下的像 $\phi[A]$ 在 $\mathbb{N}$ 中是递归可枚举的。当然，利用定理1.6.2，我们可以有其他的定义方式，有兴趣的读者可以思考一下。

原始递归集和递归集对集合的交、并和补运算封闭（参见习题1.13），原始递归谓词和递归谓词对有界量词封闭（参见习题1.14）。以下定理则表明递归可枚举集对交和并以及存在量词封闭。后面我们会看到，递归可枚举集对补运算不封闭（参见推论2.1.2）。

定理 1.6.7　*假定 $\mathbb{N}^k$ 的子集 A 和 B 都是递归可枚举的，则*

(1) 集合 $A\cup B$ 和 $A\cap B$ 都是递归可枚举的。

(2) 集合 $C=\{\vec{x}\in\mathbb{N}^{k-1}:\exists y\,(\vec{x},y)\in A\}$ 也是递归可枚举的，即：递归可枚举关系对存在量词封闭。

证明　参见习题1.34。 □

记法 1.6.8 我们用 $\Phi_{e,s}(x)\downarrow = y$ 表示存在 y，M_e 对于输入 x 在 s 步之内停机（即存在一个长度 $< s$ 的计算），并且输出为 y，并且 $x, y, e < s$。如果不存在这样的 y，则 $\Phi_{e,s}(x)\uparrow$，即：M_e 对输入 x 在 s 步内不停机。类似地，我们令 $W_{e,s} = \mathrm{dom}(\Phi_{e,s})$，$W_{e,s}$ 是有穷的并且 $W_e = \bigcup_{s\in\mathbb{N}} W_{e,s}$。

1.6.2 Σ_1-集

定义 1.6.9

(1) 假设 $A \subseteq \mathbb{N}$ 并且 $R \subseteq \mathbb{N} \times \mathbb{N}$，如果

$$A = \{x : (\exists y)R(x, y)\},$$

就称集合 A 是关系 R 的**投影**。

(2) 如果集合 A 是一个递归关系 R 的投影，就称 A 是Σ_1-**形式的**（简称为“A **是** Σ_1 **的**”）。

(3) 如果集合 A 及其补集 $\mathbb{N} \setminus A$ 都是 Σ_1 的，就称A **是** Δ_1 **的**。

关于 Σ_1-集还有一些等价的定义，我们这里选用的 R 是一个递归关系，事实上，R 也可以选为原始递归的（这从下面的证明中可以看出，因为克林尼 T 谓词是原始递归的）。一个非平凡的事实是：R 甚至可以是由多项式定义的（参见 3.2 节）。注意：递归关系、原始递归关系和多项式定义的关系，这 3 个概念是完全不同的，我们只是说它们投影下来的集合类是一样的。此外，我们后面讲到算术分层（参见 3.3 节）时会看到，Σ_1-集也是在标准自然数模型中仅用存在量词（缀上 Δ_0 公式）可以定义的集合。下面的定理实际上给出了递归可枚举集从可定义性角度的刻画，即递归可枚举集恰好就是 Σ_1-集。

定理 1.6.10 一个集合 A 是递归可枚举的，当且仅当 A 是 Σ_1 的。

证明 ($\Rightarrow$) 如果 A 是递归可枚举的，则存在 e，$A = \mathrm{dom}(\Phi_e)$。所以，$x \in A$ 当且仅当 $\exists y\ T(e, x, y)$，其中 T 是克林尼 T 谓词。

($\Leftarrow$) 令 $A = \{x : (\exists y)R(x, y)\}$，其中 R 是递归的。定义 $\Phi(x) = \mu y\ R(x, y)$，则 Φ 是递归函数，并且 $A = \mathrm{dom}(\Phi)$。 □

由此很容易得到递归集恰好就是 Δ_1 集。

推论 1.6.11 集合 A 是递归的，当且仅当 A 是 Δ_1 的。

Σ_1-集可以看作由只带一个存在量词的公式“定义”，而以下定理则表明，连续的有穷多个存在量词并不增加被定义集合的复杂程度，它定义的集合仍然是 Σ_1 的。等价地，这也说明我们可以从一个 n-元的递归关系，通过连续的投影运算，最终仍会得到一个 Σ_1-集。

定理 1.6.12 如果 $R \subseteq \mathbb{N}^{n+1}$ 是 $n+1$ 元递归关系，并且

$$A = \{x : (\exists y_1) \cdots (\exists y_n) R(x, y_1, \cdots, y_n)\},$$

则 A 是 Σ_1 的。

证明 回忆一下，我们有原始递归的针对 n-元组 $(y_1, \cdots, y_n)$ 的编码函数 $\langle y_1, \cdots, y_n \rangle$ 和解码函数 $(z)_i$，满足如果 $z = \langle y_1, \cdots, y_n \rangle$，则 $(z)_i = y_i$（$i \leq n$）。考察二元关系

$$P(x, y) := R(x, (y)_1, \cdots, (y)_n),$$

则 $P(x, y)$ 是一个递归关系，所以 $A = \{x : (\exists y) P(x, y)\}$ 是一个 Σ_1-集。 □

这条定理也告诉我们，从可计算性的角度看，寻找一个自然数和寻找一组自然数没有区别。它也给出了判断一个集合是否是递归可枚举的快捷方法。

定理 1.6.13（单值化） 如果 $R \subseteq \mathbb{N}^2$ 是递归可枚举的关系，则存在一个部分递归函数 Φ，满足

$$\Phi(x)\downarrow \wedge R((x, \Phi(x)), \text{当且仅当 } (\exists y) R(x, y))。$$

证明 因为 R 是递归可枚举的，所以是 Σ_1 的，即：存在递归谓词 $P(x, y, z)$，使得 $R(x, y)$ 当且仅当 $\exists z P(x, y, z)$。定义函数

$$\psi(x) = \mu t(P(x, (t)_1, (t)_2)),$$

则 $\psi(x)$ 是部分递归函数，令 $\Phi(x) = (psi(x))_1$，则容易验证 $\Phi(x)$ 正是所求的部分递归函数。 □

这实际上是能行可判定版的选择公理，其中部分递归函数 Φ 是关系 R 的一个选择函数。我们后面会看到，这个定理对更复杂的集合（例如，Π_1-集即其补集为 Σ_1 集的集合）不成立。

定理 1.6.14 部分函数 ψ 是部分递归的，当且仅当它的图像 $G=\{(x,y):y=\psi(x)\}$ 是递归可枚举的。

证明 ($\Rightarrow$) 因为 ψ 是部分递归的，存在 e，$\Phi_e=\psi$，则 ψ 的图像

$$G=\{(x,y):(\exists s)[\Phi_{e,s}(x)=y]\}$$

是 Σ_1 的，所以是递归可枚举的。

($\Leftarrow$) 如果 $G=\{(x,y):y=\psi(x)\}$ 是递归可枚举的，由单值化定理 1.6.13，存在 G 的部分递归的选择函数，而这个函数就是 ψ 本身。 □

我们已经知道，递归可枚举集对交和并是封闭的，但下面一个定理则证明了比这更强的结果：我们还能从两个递归可枚举集的指标能行地找到它们的交集和并集的指标。

定理 1.6.15 递归可枚举集能行地、一致地对交和并封闭，即：存在递归函数 f 和 g，使得 $W_{f(x,y)}=W_x\cap W_y$，并且 $W_{g(x,y)}=W_x\cup W_y$。

证明 对以下函数应用 s-m-n 定理：

$$\psi(x,y,z)=\mu s[z\in W_{x,s}\wedge z\in W_{y,s}],$$

可以证明交的情形。并的情形类似。 □

1.7 习题

1.2 节习题

1.1 分别编写计算以下函数的图灵机：

(1) 零函数：$Z(x)=0$；

(2) 后继函数：$S(x) = x + 1$；

(3) 投射函数：$P(x_1, \cdots, x_n) = x_i, 1 \leq i \leq n$。

1.2　写出计算以下函数的图灵机：

$$\overline{\text{sg}}(x) = \begin{cases} 1, & \text{如果} x \neq 0; \\ 0, & \text{否则。} \end{cases}$$

1.3　编写一个判定"x 是否等于 y"的图灵机程序，即：给定输入 x 和 y，该程序输出 1，如果 $x = y$；否则输出 0。【以上 3 题请大家写出具体的四元组。】

1.4　构造"复制图灵机"M：如果输入为 n，当 M 停机时，输出为 (n, n)，即：

$$\underbrace{11\cdots1}_{n\text{个}}0\underbrace{11\cdots1}_{n\text{个}}\text{。}$$

1.5　构造计算以下函数的图灵机：

$$f(n) = \begin{cases} 1, & \text{如果} n = 0; \\ \text{无定义}, & \text{否则。} \end{cases}$$

1.6　证明：如果一个函数 $f(x)$ 可以被一台字母表为 $\{0, 1, a\}$ 的图灵机 M_1 计算，则它也可以被一台字母表为 $\{0, 1\}$ 的图灵机 M_2 计算。【不难看出，对有穷的字母表也有类似的结论。注意：我们并没有断言 M_2 可以在任何格局上模拟 M_1。】

1.7　图灵机的指令也可以用形如 $qaa'q'L, qaa'q'R$ 的五元组来表示。证明用五元组表示的图灵机等价于某台用四元组表示的图灵机，反之亦然。【习题中未加定义的概念请大家自行补上。】

1.3 节习题

1.8　完成命题 1.2.6 的证明。

1.9 证明以下函数都是原始递归的。

(1) x^y；

(2) 前驱函数

$$\mathrm{pre}(x)=\begin{cases}x-1, & \text{如果} x>0;\\ 0, & \text{否则};\end{cases}$$

(3)

$$x\dot{-}y=\begin{cases}x-y, & \text{如果} x>y;\\ 0, & \text{否则};\end{cases}$$

(4)

$$\mathrm{sg}(x)=\begin{cases}0, & \text{如果} x=0;\\ 1, & \text{否则};\end{cases}$$

(5)

$$\overline{\mathrm{sg}}(x)=\begin{cases}1, & \text{如果} x=0;\\ 0, & \text{否则};\end{cases}$$

(6) $|x-y|$；

(7) $\min(x,y)$；

(8) $\max(x,y)$；

(9) $\mathrm{divs}(x)=$ “x 的因子数”。

1.10 假设函数 $f(x_1,\cdots,x_n,y)$ 是原始递归的，则

(1) 函数 $h(x_1,\cdots,x_n,p)=\sum_{i=1}^{p}f(x_1,\cdots,x_n,i)$ 是原始递归的；

(2) 函数 $h(x_1,\cdots,x_n,p)=\prod_{i=1}^{p}f(x_1,\cdots,x_n,i)$ 是原始递归的。

1.11 证明以下谓词（关系或性质）是原始递归的：

(1) $x < y$；

(2) $x = y$；

(3) 整除 $x|y$。

1.12　假设 R, Q 是 n-元谓词，

(1) 如果 R 和 Q 是原始递归的，则 $\neg P$，$P \wedge Q$，$P \vee Q$ 是原始递归的；

(2) 如果 R 和 Q 是递归的，则 $\neg P$，$P \wedge Q$，$P \vee Q$ 是递归的。

1.13　假设 X 和 Y 是自然数的子集，

(1) 如果 X, Y 是原始递归的，则 $\mathbb{N} - X$，$X \cup Y$ 和 $X \cap Y$ 是原始递归的；

(2) 如果 X, Y 是递归的，则 $\mathbb{N} - X$，$X \cup Y$ 和 $X \cap Y$ 是递归的。

1.14　证明下面两则命题。

(1) 原始递归谓词对有界取极小和有界量词封闭：假设 $R(x_1, \cdots, x_n, y, z)$ 是原始递归谓词，则

$$Q(x_1, \cdots, x_n, z) \text{ 当且仅当 } \mu y < z R(x_1, \cdots, x_n, y, z),$$

原始递归的，并且

$$Q(x_1, \cdots, x_n, z) \text{ 当且仅当 } \exists y < z R(x_1, \cdots, x_n, y, z)$$

也是原始递归的。

(2) 类似地，递归谓词也对有界取极小和有界量词封闭：假设 $R(x_1, \cdots, x_n, y, z)$ 是递归谓词，则

$$Q(x_1, \cdots, x_n, z) \text{ 当且仅当 } \mu y < z R(x_1, \cdots, x_n, y, z)$$

是递归的，并且

$$Q(x_1, \cdots, x_n, z) \text{ 当且仅当 } \exists y < z R(x_1, \cdots, x_n, y, z)$$

也是递归的。

1.15 所有有穷的自然数子集都是原始递归的。

1.16 证明以下谓词和函数都是原始递归的：

(1) 谓词"x 是素数"；

(2) 谓词"x 是和数"；

(3) 函数 $p(n)$:= "第 n 个素数"。

1.17 证明引理1.3.16。

1.18 证明：

(1) 对 (x, y) 做归纳，证明阿克曼函数 $\mathrm{A}(x, y)$ 是全函数。

(2) $y < A(x, y) < A(x, y+1) < A(x+1, y)$。

(3) 完成命题1.3.20的证明。

1.19 对于算术语言中的公式 α，如果 α 中所有量词都是有界的，就称 α 是Δ_0 **公式**。

(1) 证明 Δ_0 公式可定义的集合是原始递归的。

(2) 反之是否成立？证明你的结论。

1.20 证明存在一个部分递归函数 $\psi(x, y)$，使得函数 $g(x) :=$ 最小的满足 $\psi(x, y) = 0$ 的 y 不是部分递归的。这说明在定义极小算子时，条件 $\forall z \leq y(f(\vec{x}; z)\downarrow)$ 是必要的。【提示：考虑函数

$$\psi(x, y) = \begin{cases} 0, & \text{如果 } y = 1 \text{ 或者（} y = 0 \text{ 且 } \Phi_x(x)\downarrow \text{）;} \\ \uparrow, & \text{否则。】} \end{cases}$$

1.4 节习题

1.21　证明图灵可计算函数对原始递归和取极小运算封闭（只需给出证明的梗概）。

1.22　用有向转移图的方式写出计算下列函数的图灵程序：

(1) $\min\{x, y\}$ 和 $\max\{x, y\}$；

(2) 乘法 $x \times y$；

(3) 余数函数 $\mathrm{rem}(x, y)$。

1.23　用有向转移图的方式写出判定下列谓词的图灵程序：

(1) 小于 $<$；

(2) 整除 $x|y$（扩充符号集或许能带来一些方便）。

1.24　证明引理1.4.9，即下列关于图灵机编码的谓词都是原始递归的：

(1) "e 是一个图灵机（程序）的编码"；

(2) "图灵机 e 中包含四元组 s"；

(3) "状态 q 是图灵机 e 的停机状态"。

1.25　谓词"c 是一个格局的编码"是原始递归的。

1.26　证明函数 $IN, NEXT, OUT$ 都是原始递归的。

1.27　证明定理1.4.19。

1.5 节习题

1.28　在带参数递归定理1.5.7中，"递归函数 $f(x, y)$"的条件可减弱为"部分递归函数 $\psi(x, y)$"，即我们有以下加强形式的带参数递归定理：

对任意部分递归函数 $\psi(x, y)$，存在一个递归函数 $n(y)$ 使得：对任意 y，如果 $\psi(n(y), y)\downarrow$，则 $\Phi_{n(y)} = \Phi_{\psi(n(y), y)}$。

1.29 对任意集合 A，如果 $A \leq_m \overline{A}$，就称集合 A 为**自对偶的**。

(1) 应用递归定理证明不存在指标集是自对偶的。

(2) 借此给出莱斯定理 2.1.8—一个更短的证明。【显然，本题应等到学习了莱斯定理之后再做。】

1.30 证明对任意递归函数 f 都存在 e，使得 $W_e = W_{f(e)}$。

1.31 证明习题1.30与以下命题等价：

对任意递归可枚举集 A 都存在 e，使得 $W_e = \{x : \langle x, e\rangle \in A\}$。

【提示：定义递归可枚举集 $A_e = \{x : \langle x, e\rangle \in A\}$，然后比较序列 $\{A_e\}_{e\in\mathbb{N}}$ 和 $\{W_e\}_{e\in\mathbb{N}}$。】

1.32 证明在递归定理中，不动点 n 可以能行地从函数 f 的指标 e 中计算出来，而且 $g : e \mapsto n$ 可以选为单射。

1.6 节习题

1.33 证明定理 1.6.4，即：一个集合是递归的，当且仅当它与它的补集都是递归可枚举的。

1.34 证明定理 1.6.7。

1.35 证明如下形式的分情形定义定理：如果 A 是一个递归可枚举集且 f 为一个部分递归函数，则函数

$$g(x) = \begin{cases} f(x), & \text{如果 } x \in A; \\ \uparrow, & \text{否则} \end{cases}$$

是部分递归的。并举例说明，函数

$$h(x) = \begin{cases} f(x), & \text{如果 } x \in A; \\ 0, & \text{否则} \end{cases}$$

不一定是部分递归的。

1.36 证明：如果 $h:\mathbb{N}\to\mathbb{N}$ 是一个部分递归函数，且 $A\subseteq\mathbb{N}$ 是一个递归可枚举集，则 A 的原像集 $h^{-1}[A]$ 和限制在 A 上的值域 $h[A]$ 都是递归可枚举的。如果 A 和 h 都是递归的，则 $h^{-1}[A]$ 也是递归的。请问 $h[A]$ 一定递归吗?

第二章　不可判定问题

2.1　不可判定问题

2.1.1　停机问题

既然所有递归集都是递归可枚举的,是否存在不是递归的递归可枚举集呢?

定理　2.1.1　集合 $K = \{e : \Phi_e(e)$ 有定义 $\}$ 是递归可枚举的，但不是递归的。

由于 $\Phi_e(e)\downarrow$ 说的是第 e 台图灵机对输入 e 停机，集合 K 也被称为"停机问题"，定理2.1.1也被叙述成"停机问题是不可判定的"。

证明　首先 K 是递归可枚举的，因为它是通用函数 $\Phi(x, x)$ 的定义域，而通用函数是部分递归的。

假定 K 是递归的，则它的补集 $\mathbb{N} \setminus K$ 也是递归的。因此，$x \in K$ 和 $x \notin K$ 都是递归谓词。根据分情形定义定理，函数

$$f(x) = \begin{cases} \Phi_x(x) + 1, & \text{如果 } x \in K; \\ 0, & \text{如果 } x \notin K \end{cases}$$

也是递归的。因此，存在自然数 e，使得对所有的 x 都有 $f(x) = \Phi_e(x)$。考察 $x = e$：如果 $e \in K$，则 $f(e) = \Phi_e(e) + 1 \neq \Phi_e(e)$，矛盾；如果 $x \notin K$，则 $f(e) = 0$，而 $\Phi_e(e)\uparrow$，也矛盾。因此，K 不是递归的。　□

推论 2.1.2 递归可枚举集不对补运算封闭。

证明 考察定理 2.1.1 中的递归可枚举集 K。如果 $\mathbb{N}\setminus K$ 是递归可枚举的，则根据定理 1.6.4，K 就是递归的，这与定理 2.1.1 矛盾。 □

停机问题可以有不同的版本，例如，下面定义的 K_0 即是一种。

定理 2.1.3 集合 $K_0=\{\langle x,y\rangle:\Phi_x(y)\downarrow\}$ 不是递归的。

证明 令 $g(x,y)$ 是 K_0 的特征函数。如果 K_0 是递归的，则 g 也是递归的，因此，$f(x)=g(x,x)$ 是递归的。但 f 是 K 的特征函数，而 K 不是递归的，矛盾。 □

这一证明是所谓"归约"的一个很好的例子。我们（通过函数 f）将"$x\in K$?"这个问题"归约"到"$\langle x,x\rangle\in K_0$?"。借此，如果我们一般地知道"第 y 台图灵机在输入为 x"时是否停机，也就会特别地知道"第 x 台图灵机在输入为 x"时是否停机。但我们已经知道后者不是递归的，所以前者也不可能是递归的。

更一般地，我们将"对象 O 是否有性质 P？"这类问题对应到集合 $\{\ulcorner O\urcorner:P(\ulcorner O\urcorner)\}$，其中 $\ulcorner O\urcorner$ 是对象 O 的编码。例如，"程序 M 在输入为 x 时是否停机?"就对应到集合 $\{(\ulcorner M\urcorner,x):\Phi_{\ulcorner M\urcorner}(x)\downarrow\}$。这样，回答问题就对应于计算相应集合的特征函数的值，当值为 1 时，就是对相应问题回答"是"，值为 0 就是回答"否"。今后，我们称一个问题是**可判定的**或**可解的**，如果相应的集合是递归的，即：其特征函数是递归的。

同样，一个问题是**不可判定的**或**不可解的**，如果相应的集合不是递归的。存在不可解问题表明了可计算性的限度。停机问题是我们遇到的第一个，也是最典型的不可解问题。而且，正如定理 2.1.3的证明所暗示的，为了证明一个问题是不可判定的，通常的方法是证明它"比停机问题更为复杂"，或者说，如以上分析的，"停机问题可以归约到它"。显然，这种证明的策略只能证明比停机问题更复杂的问题是不可判定的，那么，一个有趣的问题就是：是否存在比停机问题更简单的不可判定问题？稍后我们还会回到这个问题上来，而目前要做的是先给出"归约"的一个严格定义。

定义 2.1.4　我们称集合 A 可以**多一归约**（或者简称为m-**归约**）到集合 B，记作 $A \leq_m B$，如果存在一个递归全函数 $g: \mathbb{N} \to \mathbb{N}$，满足对任意 x，$x \in A$ 当且仅当 $g(x) \in B$。

如果 g 是单射，我们称 A 可以**一一归约**（或者简称为1-**归约**）到集合 B，记作 $A \leq_1 B$。

我们已经看到，$K \leq_1 K_0$。今后我们还会遇到其他形式的归约，如图灵归约（参见定义3.2.13），可以证明 $A \leq_m B$ 蕴含着 A 图灵归约到 B（参见习题3.27），从这个意义上讲，m-归约是一种**强归约**。

引理 2.1.5　假定 $A \leq_m B$，则

(1) 如果 B 是递归集，则 A 也是；

(2) 如果 B 是递归可枚举集，则 A 也是。

我们经常会用它的逆否命题来证明不可判定性。例如，我们可以通过证明 $K \leq_m A$ 来证明 A 不是递归的。

引理 2.1.6　假设 Tot$=\{e : \Phi_e$ 是全函数 $\}$ 表示全体递归全函数的集合，则 $K \leq_1$ Tot。

证明　考虑以下函数：

$$\psi(x,y) = \begin{cases} 1, & \text{如果 } x \in K; \\ \uparrow, & \text{否则。} \end{cases}$$

ψ 是部分递归的。由 s-m-n 定理定理，存在一一的递归函数 $g(x)$，使得 $\Phi_{g(x)}(y) = \psi(x,y)$。以下我们验证 K 通过 g 一一归约到 Tot。

假设 $x \in K$，则对任意 y，$\Phi_{g(x)}(y) = \psi(x,y) = 1$，$\Phi_{g(x)}$ 是全函数，所以 $g(x) \in$ Tot；反之，如果 $x \notin K$，则 $\Phi_{g(x)}$ 处处无定义，所以 $g(x) \notin$ Tot。□

2.1.2 指标集与莱斯定理

事实上，我们在引理的证明中并未用到 Tot的很多性质，仅仅用到了两个“极端”的函数：一个是常数函数，在全体自然数上处处有定义；另一个则是空函数，处处无定义。这就引出了以下更一般的莱斯定理。

定义 2.1.7 令 $A \subseteq \mathbb{N}$，如果对任意 x, y,

$$[x \in A \land \Phi_x = \Phi_y] \Rightarrow y \in A,$$

就称 A 是**指标集**。

定理 2.1.8（莱斯） 如果 A 是非平凡的指标集，即 $A \neq \emptyset, \mathbb{N}$，则或者 $K \leq_1 A$，或者 $K \leq_1 \mathbb{N} \setminus A$。所以，一个指标集是递归的，当且仅当它是平凡的。

证明 令 e_0 为空函数的一个指标。首先假设 $e_0 \notin A$。由于 A 是非空的，我们可以固定一个 A 中的元素 a。

考虑如下定义的二元递归函数 $\psi : \mathbb{N}^2 \to \mathbb{N}$:

$$\psi(x, y) = \begin{cases} \Phi_a(y), & \text{如果 } x \in K; \\ \uparrow, & \text{否则。} \end{cases}$$

由 s-m-n 定理，存在一个 1-1 的递归函数 $s : \mathbb{N} \to \mathbb{N}$，满足 $\Phi_{s(x)}(y) = \psi(x, y)$。显然，$s$ 见证了 $K \leq_1 A$。

如果 $e_0 \in A$，则我们可以类似地证明 $K \leq_1 (\mathbb{N} \setminus A)$。 □

回忆一下（引理1.6.2和记法1.6.3），我们用 W_e 表示 Φ_e 确定的递归可枚举集。因此，$W_0, W_1, \cdots$ 是所有递归可枚举集的一个枚举。

推论 2.1.9 根据莱斯定理，以下集合都不是递归的：

(1) $K_1 = \{x : W_x \neq \emptyset\}$;

(2) $\text{Fin} = \{x : W_x \text{ 是有穷的 }\}$；以及它的补集 $\text{Inf} = \{x : W_x \text{ 是无穷的 }\}$;

(3) $\text{Tot} = \{x : W_x = \mathbb{N}\}$;

(4) $\mathrm{Con} = \{x : \Phi_x$ 是全函数并且是常数函数 $\}$；

(5) $\mathrm{Rec} = \{x : W_x$ 是递归的 $\}$。

证明　参见习题2.1。 □

下面的定理是对莱斯定理的推广。

定理 2.1.10（莱斯-夏皮罗）　令 $\mathcal{A}$ 是 $\mathbb{N}$ 到 $\mathbb{N}$ 的部分递归函数的集合，并且满足 $A = \{e : \Phi_e \in \mathcal{A}\}$ 是递归可枚举的，则部分递归函数 $\psi : \mathbb{N} \to \mathbb{N}$ 属于 $\mathcal{A}$，当且仅当存在 ψ 的有穷限制属于 $\mathcal{A}$。

证明　($\Leftarrow$) 我们只需证明：对任意部分递归函数ψ，如果 $\varphi \subseteq \psi$ 并且 $\varphi \in \mathcal{A}$，则 $\psi \in \mathcal{A}$。反设以上命题不成立，应用 s-m-n 定理，定义函数

$$\Phi_{h(e)}(x) = \begin{cases} y, & \text{如果 } \varphi(x)\downarrow = y \text{ 或者 } [\psi(x)\downarrow = y\text{，并且 } e \in K]; \\ \uparrow, & \text{否则。} \end{cases}$$

显然，$e \in \overline{K}$，当且仅当 $\Phi_{h(e)} = \varphi \in \mathcal{A}$ 当且仅当 $h(e) \in A$，即 h 见证了 $\overline{K} \leq_1 A$。但 A 是递归可枚举的，矛盾。

($\Rightarrow$) 反设 $\psi \in \mathcal{A}$，但 ψ 的任意有穷限制都不属于 $\mathcal{A}$。类似地，应用 s-m-n 定理，定义

$$\Phi_{h(e)}(s) = \begin{cases} y, & \text{如果 } \psi(s)\downarrow = y \text{ 并且 } e \notin K_s; \\ \uparrow, & \text{否则，} \end{cases}$$

其中 $K_s = \{e : \Phi_{e,s}(e)\downarrow\}$。假设 $e \in \overline{K}$，则对任意 s，$e \notin K_s$，所以 $\Phi_{h(e)} = \psi \in \mathcal{A}$，所以 $h(e) \in A$；假设 $e \notin \overline{K}$，则存在 s，对任意 $t \geq s$，$e \in K_t$，所以 $\Phi_{h(e)}$ 是 ψ 的有穷限制，因此不属于 $\mathcal{A}$，$h(e) \notin A$。这意味着 $\overline{K} \leq_1 A$，矛盾。 □

推论 2.1.11　集合 Tot, Fin 以及 $\mathrm{Inf} = \{x : W_x$ 是无穷的 $\}$ 都不是递归可枚举的。

证明　参见习题2.2（3）。 □

2.2 希尔伯特第十问题

1900 年，希尔伯特在世界数学家大会上提出了 23 个亟待解决的数学问题，史称“希尔伯特问题”。这些问题深刻影响了 20 世纪数学的发展，其中第十个问题——也是唯一一个——与递归论相关。它可以简述如下：

希尔伯特第十问题 *对任意丢番图*[①]*方程，即：只有有穷个未知数的整系数方程 $P(x_1,\cdots,x_n)=0$，是否存在一个能行的判定方法，使得能够在有穷步内判定它是否有整数解？*

虽然希尔伯特最初的问题是关于整系数方程的整数解，但我们可以将问题转化到正整数上。

首先，通过把负系数的项移到等式右边，我们可以将整系数方程

$$P(x_1,\cdots,x_n)=0$$

改写成 $P_1(x_1,\cdots,x_n)=P_2(x_1,\cdots,x_n)$，其中 P_1,P_2 为正整系数多项式。如果有算法可以判定任何 $P_1(x_1,\cdots,x_n)=P_2(x_1,\cdots,x_n)$ 是否有正整数解，也就有算法判定 $P(x_1,\cdots,x_n)=0$ 是否有整数解。

其次，如果证明了丢番图方程是否有正整数解这一问题是不可判定的，也能得出是否有整数解的问题也是不可判定的（参见习题2.7）。

因此，我们下面只关注正整数上的丢番图方程

$$P_1(x_1,\cdots,x_n)=P_2(x_1,\cdots,x_n)$$

是否有自然数解的问题。**从现在到本章结束，除非特别声明，丢番图方程都是指正整数系数的方程。**

经过 70 多年的努力，希尔伯特第十问题最终得到了否定的回答：不存在这样的能行判定方法。戴维斯、鲁宾逊、普特南和马季亚谢维奇等都为这个问题的解决做出了贡献。

解决希尔伯特第十问题的思想很简单：证明停机问题可以归约到丢番图方程的判定问题，从而后者是不可解的。事实上，戴维斯等人证明了递归可

① 丢番图是大约公元 3 世纪的希腊数学家。他最早研究了有穷个未知数的整系数方程，因此这类方程以他的名字命名。也有人称他为“代数学之父”。

枚举集恰恰就是丢番图集（见定义 2.2.1）。今后我们以 $P(x_1,\cdots,x_n,y_1,\cdots,y_m)$ 表示有 m 个未知数 $(y_1,\cdots,y_m)$ 和 n 个参数 $(x_1,\cdots,x_n)$ 的多项式，相应地，

$$P_1(x_1,\cdots,x_n,y_1,\cdots,y_m)=P_2(x_1,\cdots,x_n,y_1,\cdots,y_m)$$

表示一个具有 m 个未知数 $(y_1,\cdots,y_m)$ 和 n 个参数 $(x_1,\cdots,x_n)$ 的丢番图方程，我们称这样一个方程是**有解的**，如果存在一个自然数的 m 元组 $(k_1,\cdots,k_m)$，使得

$$P_1(x_1,\cdots,x_n,k_1,\cdots,k_m)=P_2(x_1,\cdots,x_n,k_1,\cdots,k_m)。$$

为了简化记号，让我们用 $\vec{x},\vec{y}$ 分别表示 $(x_1,\cdots,x_n)$ 和 $(y_1,\cdots,y_m)$；$\exists\vec{y}$ 和 $\exists\vec{y}\leq z$ 分别表示 $\exists y_1\cdots\exists y_m$ 和 $\exists y_1\leq z\cdots\exists y_m\leq z$。

定义 2.2.1 对任意自然数上的 n 元关系 $R\subseteq\mathbb{N}^n$，我们称 R 是**丢番图的**，当且仅当存在一个丢番图方程

$$P_1(\vec{x},\vec{y})=P_2(\vec{x},\vec{y}),$$

使得

$$R=\{\vec{x}:\exists\vec{y}[P_1(\vec{x},\vec{y})=P_2(\vec{x},\vec{y})]\},\tag{2.1}$$

即以 $\vec{x}$ 为参数的丢番图有解。如果 R 是一元关系，就称 R 为**丢番图集**。一个函数 $f:\mathbb{N}^n\to\mathbb{N}$ 是**丢番图的**，当且仅当它的图像作为 $n+1$ 元关系是丢番图的。

下面举一些例子，我们后面的论证会反复用到。

例 2.2.2 自然数上的关系：$x_1\leq x_2$，$x_1<x_2$，$x_1|x_2$ 和 $x_1\equiv x_2\pmod{x_3}$ 是丢番图的。因为

(1) $x_1\leq x_2$ 当且仅当 $\exists y[x_1+y=x_2]$；

(2) $x_1<x_2$ 当且仅当 $\exists y[x_1+y+1=x_2]$；

(3) $x_1|x_2$ 当且仅当 $\exists y[x_1\times y=x_2]$；

(4) $x_1 \equiv x_2 \pmod{x_3}$ 当且仅当 $\exists y[x_1 = x_2 + y \times x_3]$。

丢番图关系对逻辑连接词 $\wedge$，$\vee$ 以及存在量词封闭。但一般地不对全称量词和 $\neg$，$\rightarrow$ 封闭，而这正是递归可枚举集（Σ_1 集）的性质。

引理 2.2.3 *假设 n 元关系 R_1 和 R_2 是丢番图的，则 $R_1 \wedge R_2$，$R_1 \vee R_2$ 以及 $\exists x R_1$ 也是丢番图的。*

证明 假设 P_1, P_2 和 Q_1, Q_2 分别是见证 R_1, R_2 为丢番图的多项式，即：

$$R_1 = \{\vec{x} : \exists \vec{y}[P_1(\vec{x}, \vec{y}) = P_2(\vec{x}, \vec{y})]\},$$
$$R_2 = \{\vec{x} : \exists \vec{y}[Q_1(\vec{x}, \vec{y}) = Q_2(\vec{x}, \vec{y})]\}$$

（无妨假定参数 $\vec{y}$ 都是 m 个），则

$$P_1^2 + P_2^2 + Q_1^2 + Q_2^2 = 2P_1P_2 + 2Q_1Q_2$$

（即整系数方程 $(P_1 - P_2)^2 + (Q_1 - Q_2)^2 = 0$），见证了 $R_1 \wedge R_2$ 是丢番图的。类似地，

$$P_1Q_1 + P_2Q_2 = P_1Q_2 + P_2Q_1$$

（即整系数方程 $(P_1 - P_2)(Q_1 - Q_2) = 0$），见证了 $R_1 \vee R_2$ 是丢番图的。

存在量词的情况是平凡的。 □

推论 2.2.4 *丢番图关系和函数有以下封闭性质：*

(1) 任何利用（包含有穷多个方程的）丢番图方程组定义的关系或函数也是丢番图的。

(2) 丢番图函数对复合封闭。

证明 (1) 可以从丢番图关系对合取封闭直接得出。

(2) 假设

$$f(\vec{x}) = h(g_1(\vec{x}), \cdots, g_m(\vec{x})),$$

并且 $g_1(\vec{x}), \cdots, g_m(\vec{x})$，$h(y_1, \cdots, y_m)$ 都是丢番图的，则 $f(\vec{x}) = y$ 当且仅当

$$\exists y_1 \cdots \exists y_m[g_1(\vec{x}) = y_1 \wedge \cdots \wedge g_m(\vec{x}) = y_m \wedge h(y_1, \cdots, y_m) = y],$$

而这显然是丢番图的。 □

命题 2.2.5 下列函数是丢番图的：

(1) 函数 $f(u,v)=[\frac{u}{v}]$。回忆一下，对实数 α，$[\alpha]$ 表示不超过 α 的最大整数，即 $[\alpha]$ 为唯一满足 $n \leq \alpha < n+1$ 的整数 n。

(2) 函数 $\mathrm{rem}(u,v)$（表示用 u 去除 v 所得的余数，见第 17 页）。

证明 (1) 注意到：

$$\begin{aligned} f(u,v)=w \quad &\text{当且仅当} \quad w \leq \frac{u}{v} < w+1, \\ &\text{当且仅当} \quad vw \leq u \wedge u < vw+v。\end{aligned}$$

(2) 类似地，

$$\begin{aligned} \mathrm{rem}(u,v)=w \quad \text{当且仅当} \quad &(u=0 \wedge w=0) \\ &\vee(0<u \wedge \exists q(v=uq+w \wedge w<u \wedge q \leq v)。\end{aligned}$$

无论是 (1) 还是 (2)，结论均可从例 2.2.2 和引理 2.2.3 得到。 □

为了证明丢番图关系对原始递归封闭，我们需要对自然数的有穷序列编码。由于指数函数是我们证明中的主要困难，这种编码必须避免使用指数函数，因此第二章 2.3 节中的哥德尔编码并不适用。但是，仍然是哥德尔给出了如下的编码方式（有关这种编码更详细的讨论，请参见《数理逻辑：证明及其限度》9.1.4 节）。

首先是自然数有序对的编码，它的证明我们留作练习，参见习题 2.10。

引理 2.2.6 存在丢番图的数对编码和解码函数 $P(x,y), L(z)$ 和 $R(z)$，使得

(1) 对所有 x,y，$L(P(x,y))=x$ 且 $R(P(x,y))=y$；

(2) 对所有 z，$P(L(z),R(z))=z, L(z)<z$ 且 $R(z)<z$。

然后是有穷序列的编码，这就是哥德尔的 β-函数。我们需要利用中国剩余定理，其证明我们省略了（可参见《数理逻辑：证明及其限度》9.1.4 节）。

定理 2.2.7（中国剩余定理） 令 $d_1, \cdots, d_n$ 为两两互素的整数，又令 $a_1, \cdots, a_n$ 为满足 $a_i < d_i$（$1 \le i \le n$）的自然数，则存在自然数 c 使得对所有的 $1 \le i \le n$，a_i 是 $\frac{c}{d_i}$ 的余数。换句话说，c 是下列同余方程组的解：

$$\begin{aligned} x &\equiv a_1 \mod d_1, \\ x &\equiv a_2 \mod d_2, \\ &\vdots \\ x &\equiv a_n \mod d_n。\end{aligned}$$

引理 2.2.8（序列数引理） 存在一个丢番图函数 $\beta(u, i)$，满足：

(1) $\beta(u, i) \le u$；

(2) 对任意有穷序列 $k_1, \cdots, k_n$，存在一个自然数 u，使得对任意 $1 \le i \le n$，有

$$\beta(u, i) = k_i。$$

证明 首先，我们定义函数 $\alpha : \mathbb{N}^3 \to \mathbb{N}$ 为 $\alpha(c, d, i) = \mathrm{rem}(1 + id, c)$，则根据例 2.2.5 (b)，$\alpha$ 是丢番图的。定义函数 $\beta : \mathbb{N}^2 \to \mathbb{N}$ 为 $\beta(u, i) = \alpha(L(u), R(u), i)$，根据例 2.2.6，我们有 β 函数也是丢番图的（留给读者作为练习）。

剩下的事情是验证 β 函数具有所述的性质 (1) 和 (2)。显然，$\beta(u, i) \le L(u) \le u$，所以性质 (1) 成立。考察性质 (2)。给定自然数 $k_1, \cdots, k_n$，选 y 为一个大于所有 k_i 且能被 $1, 2, \cdots, n$ 整除的自然数（注意：我们现在还不能说 y 和这些数的关系是丢番图的，我们的引理也没有要求这一点）。容易验证，$1 + y, 1 + 2y, \cdots, 1 + ny$ 是两两互素的（参见习题2.11）。根据中国剩余定理，存在 x 满足：

$$\begin{aligned} x &\equiv k_1 \mod 1 + y, \\ x &\equiv k_2 \mod 1 + 2y, \\ &\vdots \\ x &\equiv k_n \mod 1 + ny。\end{aligned}$$

令 $u = P(x, y)$（其中 P 是数对编码函数），则对所有 $i = 1, \cdots, n$，我们有 $\beta(u, i) = k_i$（参见习题2.11）。 □

虽然丢番图关系不对全称量词封闭，但我们需要用到它们对有界量词封闭。

引理　2.2.9　假设 $P_1(y, k, \vec{x}, \vec{y}) = P_2(y, k, \vec{x}, \vec{y})$ 是丢番图方程，则集合

$$\{\vec{x} : \exists y \leq k \exists \vec{y}[P_1(y, k, \vec{x}, \vec{y}) = P_2(y, k, \vec{x}, \vec{y})]\}$$

和

$$\{\vec{x} : \forall y \leq k \exists \vec{y}[P_1(y, k, \vec{x}, \vec{y}) = P_2(y, k, \vec{x}, \vec{y})]\}$$

也是丢番图的。

对有界存在量词封闭是平凡的（参见习题2.12），而证明对有界全称量词而又需要以下工具。

引理　2.2.10　以下函数是丢番图的：

(1) 二项式系数 $f(n, k) = \binom{n}{k}$；

(2) 阶乘函数 $g(n) = n!$；

(3) 连乘积 $h(a, b, y) = \prod_{k=1}^{y}(a + b \times k)$。

为了证明它，又需要证明指数函数 $x^y = z$ 是丢番图的。

定理　2.2.11（马季亚谢维奇）　指数函数 $h(x, y) = x^y$ 是丢番图的。

这两个引理和马季亚谢维奇定理是希尔伯特第十问题解答中技术性最强的部分。尤其是马季亚谢维奇定理，其证明天才地使用数论上的技巧。事实上，戴维斯、普特南和鲁宾逊在 1961 年就知道所有递归可枚举集都是"指数丢番图的"，但一直无法把指数消去。我们把这两个引理和马季亚谢维奇定理的证明单列一节（3.3 节），供有兴趣的读者参阅。只关心递归论的读者可以暂时接受它们的正确性，继续阅读下去。

在引理 2.2.9 的帮助下，我们可以马上证明递归可枚举集就是丢番图集。

引理 2.2.12 令 f 为自然数上的 n 元函数，则 f 是丢番图的，当且仅当 f 是部分递归函数。

证明 （$\Rightarrow$）假设 $f(\vec{x})=y$ 是丢番图的，则存在正整数系数多项式 P_1 和 P_2，满足 $f(\vec{x})=y$ 当且仅当

$$\exists y_1\cdots\exists y_m[P_1(\vec{x},y,y_1,\cdots,y_m)=P_2(\vec{x},y,y_1,\cdots,y_m)]。$$

谓词 $P_1(\vec{x},y,y_1,\cdots,y_m)=P_2(\vec{x},y,y_1,\cdots,y_m)$ 是递归的，因为它们都只涉及加法、乘法和常数函数的有穷迭代，所以

$$f(\vec{x})=\mu y\big[\exists y_1\cdots\exists y_m\big(P_1(\vec{x},y,y_1,\cdots,y_m)=P_2(\vec{x},y,y_1,\cdots,y_m)\big)\big]$$

是部分递归的。

（$\Leftarrow$）我们需要证明丢番图函数包含初始函数，且对复合、取极小和原始递归封闭。包含初始函数的证明我们留作练习。对复合封闭见推论 2.2.4。

我们先验证对取极小封闭：假设 $f(\vec{x})=\mu y[g(\vec{x},y)=0]$，并且 g 是丢番图的。注意到 $f(\vec{x})=y$ 当且仅当

$$g(\vec{x},y)=0\wedge\forall u<y\exists z[g(x_1,\cdots,x_n,u)=z+1]。$$

由引理 2.2.9可知，f 是丢番图的。

剩下对原始递归的封闭性：假设 f 是如下定义的函数：

$$\begin{aligned}f(0,x_2,\cdots,x_n)&=g(x_2,\cdots,x_n);\\ f(x+1,x_2,\cdots,x_n)&=h(x,f(x,x_2,\cdots,x_n),x_2,\cdots,x_n),\end{aligned}$$

其中，函数 g 和 h 都是丢番图的。对任意的 x，我们借助序列数引理编码 $f(0,x_2,\cdots,x_n),\cdots,f(x-1,x_2,\cdots,x_n)$ 的值，于是有 $f(x,x_2,\cdots,x_n)=y$ 当且仅当

$$\begin{aligned}&\exists u\exists v\ [v=\beta(u,1)\wedge g(x_2,\cdots,x_n)=v]\\ &\wedge\forall z<x\exists v[(v=\beta(u,z+1)\wedge v=h(z,\beta(u,z),x_2,\cdots,x_n))]\\ &\wedge y=\beta(u,x)]。\end{aligned}$$

仍由引理 2.2.9可知，f 是丢番图的。 □

定理 2.2.13 一个自然数上的 n 元关系 R 是丢番图的，当且仅当 R 是递归可枚举的。

证明 （$\Rightarrow$）假设 R 是丢番图的，则存在多项式 P_1 和 P_2，使得 $\vec{x} \in R$ 当且仅当

$$\exists \vec{y}\,[P_1(\vec{x},\vec{y}) = P_2(\vec{x},\vec{y})]。$$

根据引理 1.6.2 (6) 和定理 1.6.7 (2)，R 是递归可枚举的。

（$\Leftarrow$）假设 R 是递归可枚举的，则根据引理 1.6.2 (6)，存在递归关系 $Q(\vec{x},y)$，使得 $\vec{x} \in R$ 当且仅当 $\exists y\, Q(\vec{x},y)$。令 f 为 Q 的特征函数，则 f 是递归的。所以，$\vec{x} \in R$ 当且仅当 $\exists y\,[f(\vec{x},y) = 1]$。根据引理 2.2.12，$R$ 是丢番图的。 □

定理 2.2.14 希尔伯特第十问题不可解。

证明 假设希尔伯特第十问题可解。而 K 是丢番图的，因此停机问题可判定，矛盾。 □

2.3 马季亚谢维奇定理的证明

本节中我们给出引理 2.2.9、引理 2.2.10 和定理 2.2.11 的证明，供对数论技术感兴趣的读者参考。证明的顺序是反过来的，从证明马季亚谢维奇定理开始。我们这里的证明源自戴维斯（Davis, 1973）这篇文章，而不是马季亚谢维奇的原始证明。至于希尔伯特第十问题解决的历史，以及戴维斯、普特南、鲁宾逊和马季亚谢维奇是如何合作的，可参考（Davis, 1973）的最后一节和（Matijasevich, 1993）。在戴维斯和普特南工作的基础上，鲁宾逊把整个问题解决的关键归结为找到一个丢番图方程，使得它的解的某个分量随着另一个分量呈近似指数的增长。马季亚谢维奇证明了 $v = F(2u)$，其中 F 是斐波那契数列（参见例 1.3.17），就是鲁宾逊要找的方程。①

① 有兴趣的读者还可以参考胡久稔编著的《希尔伯特第十问题》，辽宁教育出版社，1987。

2.3.1 佩尔方程及其基本性质

我们首先从佩尔方程开始，它是形如

$$x^2 - dy^2 = 1 \tag{$*$}$$

的关于自然数 x 和 y 的方程，其中 $d = a^2 - 1$ 且 $a > 1$。显然 $x = 1, y = 0$ 和 $x = a, y = 1$ 都是它的解。戴维斯将我们需要的佩尔方程的基本性质总结成了下面这 24 个引理。

引理 2.3.1 *方程 $(*)$ 不存在满足 $1 < x + y\sqrt{d} < a + \sqrt{d}$ 的整数解 x, y。*

证明 假定 x, y 满足 $1 < x + y\sqrt{d} < a + \sqrt{d}$，则通过取倒数并乘以 (-1)，我们有

$$-1 < \frac{-1}{x + y\sqrt{d}} < \frac{-1}{a + \sqrt{d}}。$$

如果 x, y 为 $(*)$ 的一组整数解，则

$$(x + y\sqrt{d})(x - y\sqrt{d}) = 1 = (a + \sqrt{d})(a - \sqrt{d});$$

于是

$$-1 < -x + y\sqrt{d} < -a + \sqrt{d}。$$

再与不等式 $1 < x + y\sqrt{d} < a + \sqrt{d}$ 相加，我们有

$$0 < 2y\sqrt{d} < 2\sqrt{d},$$

从而 $0 < y < 1$，矛盾。 □

引理 2.3.2 *假设 x, y 和 x', y' 都是佩尔方程 $(*)$ 的解。令*

$$x'' + y''\sqrt{d} = (x + y\sqrt{d})(x' + y'\sqrt{d}),$$

则 x'', y'' 也是 $(*)$ 的解。

证明　不难验证

$$x'' - y''\sqrt{d} = (x - y\sqrt{d})(x' - y'\sqrt{d})$$

（如同取“共轭”一样）。与原式相乘，立得

$$(x'')^2 - d(y'')^2 = (x^2 - dy^2)((x')^2 - d(y')^2) = 1。$$

□

引理 2.3.3　给定 $n \geq 0$ 和 $a > 1$。令 $x_n(a)$ 和 $y_n(a)$ 分别为 $(a+\sqrt{d})^n$ 展开式中的整数部分和 $\sqrt{d}$ 的系数，即：

$$x_n(a) + y_n(a)\sqrt{d} = (a + \sqrt{d})^n,$$

则 $x_n(a), y_n(a)$ 满足方程 $(*)$。

当上下文清楚时，我们将省略 a 而简写为 x_n, y_n。

证明　我们对 n 归纳。首先 $x_0 = 1, y_0 = 0$ 和 $x_1 = a, y_1 = 1$ 都是 $(*)$ 的解。

假设 x_n, y_n 满足 $(*)$。我们有

$$\begin{aligned} x_{n+1} + y_{n+1}\sqrt{d} &= (a + \sqrt{d})^{n+1} \\ &= (a + \sqrt{d})^n(a + \sqrt{d}) \\ &= (x_n + y_n\sqrt{d})(x_1 + y_1\sqrt{d})。\end{aligned}$$

根据引理 2.3.2，x_{n+1}, y_{n+1} 也是 $(*)$ 的解。　□

引理 2.3.4　令 x, y 为 $(*)$ 的非负整数解，则存在自然数 n，使得 $x = x_n, y = y_n$。

证明　基于 $x + y\sqrt{d} \geq 1$ 和 $(a + \sqrt{d})^n$ 为一个从零开始趋于无穷的严格递增序列这两个事实，存在自然数 n，使得

$$(a + \sqrt{d})^n \leq x + y\sqrt{d} < (a + \sqrt{d})^{n+1}。$$

如果等号成立，则引理成立。我们下面排除等号不成立的情形。假设

$$x_n + y_n\sqrt{d} < x + y\sqrt{d} < (x_n + y_n\sqrt{d})(a + \sqrt{d})。$$

由于 $(x_n + y_n\sqrt{d})(x_n - y_n\sqrt{d}) = 1$，$x_n - y_n\sqrt{d}$ 一定是正数，用它去乘上面的不等式，我们有

$$1 < (x + y\sqrt{d})(x_n - y_n\sqrt{d}) < a + \sqrt{d}。$$

根据引理 2.3.2，由此可以得到满足 $1 < x' + y'\sqrt{d} < a + \sqrt{d}$ 的 $(*)$ 的解 x', y'。这与引理 2.3.1 矛盾。 □

引理 2.3.3 和 2.3.4 给出了佩尔方程 $(*)$ 解的一般形式。等式

$$x_n + y_n\sqrt{d} = (a + \sqrt{d})^n$$

在形式上类似于复数上的公式

$$\cos n + \mathrm{i}\sin n = e^{\mathrm{i}n} = (\cos 1 + \mathrm{i}\sin 1)^n,$$

其中 x_n, y_n 分别类比于 $\cos n, \sin n$ 且 d 类比于 $\mathrm{i} = \sqrt{-1}$。从这个角度看，佩尔方程 $(*)$ 就是

$$\cos^2 n + \sin^2 n = 1$$

的类比。下面的引理 2.3.5 可以被视作和角公式的类比。

引理 2.3.5 $x_{m\pm n} = x_m x_n \pm d y_n y_m$ 且 $y_{m\pm n} = x_n y_m \pm x_m y_n$。

证明 参见习题2.14。 □

在引理 2.3.5 中令 $n = 1$，我们得到一个有用的特殊形式。

引理 2.3.6 $x_{m\pm 1} = a x_m \pm d y_m$ 且 $y_{m\pm 1} = a y_m \pm x_m$。

引理 2.3.7 对所有自然数 n，$(x_n, y_n) = 1$，即 x_n 和 y_n 互素。

证明 如果 $c|x_n$ 且 $c|y_n$，则 $c|x_n^2 - dy_n^2 = 1$，所以 $c|1$。 □

引理　2.3.8　对所有自然数 n 和 k，$y_n|y_{nk}$。

证明　对 k 归纳。当 $k=0$ 时，$y_0=0$，命题成立。假设命题对 m 成立，即 $y_n|y_{nm}$。根据引理 2.3.5，我们有

$$y_{n(m+1)}=x_ny_{nm}+x_{nm}y_n,$$

所以命题对 $m+1$ 也成立。 □

引理　2.3.9　对所有自然数 n,t，$y_n|y_t$ 当且仅当 $n|t$。

证明　如果 $n|t$，则根据引理 2.3.8有 $y_n|y_t$。

反过来，假设 $y_n|y_t$ 但 $n\nmid t$。假设 $t=nq+r$ 其中 $0<r<n$，则由引理 2.3.5可知

$$y_t=x_ry_{nq}+x_{nq}y_r。$$

又根据引理 2.3.8有 $y_n|y_{nq}$，所以 $y_n|x_{nq}y_r$。注意到 $(y_n,x_{nq})=1$（因为 $y_n|y_{nq}$，而引理 2.3.7 告诉我们 $(y_{nq},x_{nq})=1$），我们有 $y_n|y_r$。但 y_n 是严格递增的（可由引理 2.3.6 导出），矛盾。 □

引理　2.3.10　对所有自然数 n 和 k，$y_{nk}\equiv kx_n^{k-1}y_n \mod (y_n)^3$。

证明　首先

$$\begin{aligned}
x_{nk}+y_{nk}\sqrt{d} &= (a+\sqrt{d})^{nk}\\
&= (x_n+y_n\sqrt{d})^k\\
&= \sum_{j=0}^{k}\binom{k}{j}x_n^{k-j}y_n^jd^{j/2},
\end{aligned}$$

所以

$$y_{nk}=\sum_{j=1,j\ \text{奇数}}^{k}\binom{k}{j}x_n^{k-j}y_n^jd^{(j-1)/2}。$$

注意到右边 $j>1$ 的项都能被 y_n^3 整除，立得引理。 □

引理　2.3.11　对所有自然数 n，$y_n^2|y_{ny_n}$。

证明 在引理 2.3.10 中令 $k = y_n$，我们有 $y_n^3 | y_{ny_n} - y_n^2 x_n^{y_n-1}$。所以 $y_n^2 | y_{ny_n}$。 □

引理 2.3.12 对所有自然数 n 和 t，如果 $y_n^2 | y_t$ 则 $y_n | t$。

证明 首先，由引理 2.3.9，我们有 $n | t$，令 $t = nk$。再据引理 2.3.10，我们有 $y_n^2 | y_t = y_{nk} = kx_n^{k-1} y_n$。所以 $y_n | kx_n^{k-1}$。而由引理 2.3.7，有 $(y_n, x_n) = 1$，所以 $y_n | k$，从而 $y_n | t$。 □

引理 2.3.13 对所有自然数 n，

$$x_{n+1} = 2ax_n - x_{n-1} \text{ 且 } y_{n+1} = 2ay_n - y_{n-1}。$$

证明 引理 2.3.6 给出了 x_{n+1}, x_{n-1} 和 x_n, y_n 的关系，消去 y_n 即得 $x_{n+1} = 2ax_n - x_{n-1}$。$y_{n+1}$ 类似。 □

根据引理 2.3.13 的递归方程，以及初值 $x_0 = 1, x_1 = a, y_0 = 0, y_1 = 1$，我们可以递归地证明下列关于 x_n, y_n 的有用性质。

引理 2.3.14 对所有自然数 n，$y_n \equiv n \mod a - 1$。

证明 对 $n = 0, 1$，同余式显然成立。假设同余式对 $n - 1$ 和 n 成立，利用 $a \equiv 1 \mod a - 1$，引理 2.3.13 告诉我们：

$$y_{n+1} = 2ay_n - y_{n-1} \equiv 2n - (n - 1) = n + 1 \mod a - 1。$$

□

引理 2.3.15 如果 $a \equiv b \mod c$，则对所有自然数 n，

$$x_n(a) \equiv x_n(b) \quad y_n(a) \equiv y_n(b) \mod c。$$

证明 参见习题2.14。 □

引理 2.3.16 对所有自然数 n，如果 n 是偶数，则 y_n 是偶数；如果 n 是奇数，则 y_n 是奇数。

证明　参见习题2.14。 □

引理　2.3.17　对所有自然数 n 和 z，

$$x_n(a) - y_n(a)(a-z) \equiv z^n \mod 2az - z^2 - 1。$$

证明　对 $n=0$ 和 1，$x_0 - y_0(a-z) = 1 = z^0$，$x_1 - y_1(a-z) = z$，同余式成立。假设同余式对 $n-1$ 和 n 成立，利用引理 2.3.13，我们有

$$\begin{aligned} x_{n+1} - y_{n+1}(a-z) &= 2a[x_n - y_n(a-z)] - [x_{n-1} - y_{n-1}(a-z)] \\ &\equiv 2az^n - z^{n-1} \mod 2az - z^2 - 1 \\ &= z^{n-1}(2az-1) \\ &\equiv z^{n-1}z^2 \mod 2az - z^2 - 1 \\ &= z^{n+1}。 \end{aligned}$$

□

引理　2.3.18　对所有自然数 n，$y_{n+1} > y_n \geq n$。

证明　参见习题2.14（利用 $a > 1$ 和 $d = a^2 - 1 > 1$ 以及引理 2.3.6）。 □

引理　2.3.19　对所有自然数 n，$x_{n+1}(a) > x_n(a) \geq a^n$；$x_n(a) \leq (2a)^n$。

证明　根据引理 2.3.6 和引理 2.3.13，我们有 $ax_n(a) \leq x_{n+1}(a) \leq x_n(a)$。然后对 n 归纳。 □

接下来的几个引理可以看成是对序列 x_n "周期性"的讨论。

引理　2.3.20　对所有自然数 n 和 j，$x_{2n\pm j} \equiv -x_j \mod x_n$。

证明　根据引理 2.3.5，我们有

$$\begin{aligned} x_{2n\pm j} &= x_n x_{n\pm j} + dy_n y_{n\pm j} \\ &\equiv dy_n(y_n x_j \pm x_n y_j) \\ &\equiv dy_n^2 x_j \\ &= (x_n^2 - 1)x_j \\ &\equiv -x_j, \end{aligned}$$

其中所有的同余式都是 $\bmod x_n$，且最后一个等号用到了 x_n, y_n 是佩尔方程 $(*)$ 的解。 □

重复运用引理 2.3.20 两次，得到下面的引理。

引理 2.3.21 对所有自然数 n 和 j，$x_{4n\pm j} \equiv x_j \mod x_n$。

引理 2.3.22 令 $x_i \equiv x_j \mod x_n$，且 $i \le j \le 2n$，$n > 0$，则 $i = j$，除非 $a = 2, n = 1, i = 0, j = 2$。

证明 我们先看 x_n 为奇数的情形。令 $q = (x_n - 1)/2$，则

$$-q, -q+1, -q+2, \cdots, -1, 0, 1, \cdots, q-1, q$$

这 x_n 个数代表了模 x_n 的所有的同余类。另一方面，由引理 2.3.19，我们有 $1 = x_0 < x_1 < \cdots < x_{n-1}$。而且引理 2.3.6 告诉我们，$x_{n-1} \le x_n/a \le x_n/2$，所以 $x_{n-1} \le q$。再据引理 2.3.20，$x_{n+1}, x_{n+2}, \cdots, x_{2n-1}, x_{2n}$ 分别模 x_n 同余于

$$-x_{n-1}, -x_{n-2}, \cdots, -x_1, -x_0 = -1。$$

所以 $x_0, x_1, \cdots, x_{2n}$ 各自代表不同的模 x_n 的同余类。结论成立。

再看 x_n 为偶数的情形。令 $q = x_n/2$，则

$$-q+1, -q+2, \cdots, -1, 0, 1, \cdots, q-1, q$$

这 x_n 个数代表了模 x_n 的所有的同余类。另一方面，同上面奇数情形类似，我们仍有 $x_{n-1} \le q$；且 $x_{n+1}, x_{n+2}, \cdots, x_{2n-1}, x_{2n}$ 分别模 x_n 同余于

$$-x_{n-1}, -x_{n-2}, \cdots, -x_1, -x_0 = -1。$$

如果 $x_{n-1} < q$，$x_0, x_1, \cdots, x_{2n}$ 依然各自代表不同的模 x_n 的同余类，结论成立。唯一例外情形为当 $x_{n-1} = q$ 时，$x_{n+1} \equiv -x_{n-1} = -q \equiv q = x_{n-1}$，即 x_{n+1} 和 x_{n-1} 处于同一个同余类，引理结论不成立。但由引理 2.3.6，有 $x_n = ax_{n-1} + dy_{n-1}$，所以 $x_n = 2q = 2x_{n-1}$ 蕴涵了 $a = 2$ 和 $y_{n-1} = 0$，即 $n = 1$。换言之，例外仅在 $a = 2, n = 1, i = n - 1 = 0, j = n + 1 = 2$ 时发生。 □

引理 2.3.23　令 $x_i \equiv x_j \mod x_n$，且 $n > 0$，$0 < i \leq n$，$0 \leq j < 4n$，则 $j = i$ 或 $j = 4n - i$。

证明　首先假设 $j \leq 2n$。根据引理 2.3.22，我们有 $j = i$，除非例外发生。而由 $i > 0$，例外只能在 $j = 0$ 时发生，此时 $i = 2 > 1 = n$。所以没有例外。

再假设 $j > 2n$，令 $k = 4n - j$，我们有 $0 < k < 2n$，且引理 2.3.21 告诉我们，$x_j \equiv x_k \mod x_n$。重复上面的论证，就得到 $k = i$，即 $i = 4n - j$。（注意：由于 i, k 都大于 0，因此没有例外情形。）□

引理 2.3.24　如果 $0 < i \leq n$，且 $x_i \equiv x_j \mod x_n$，则 $j \equiv \pm i \mod 4n$。

证明　令 $j = 4nq + k$，其中 $0 \leq k < 4n$。根据引理 2.3.21，有 $x_i \equiv x_j \equiv x_k \mod x_n$。再据引理 2.3.23，有 $i = k$ 或 $i = 4n - k$。所以，$j \equiv k \equiv \pm i \mod 4n$。□

2.3.2　指数函数是丢番图的

接下来我们进行马季亚谢维奇定理证明中最神奇的部分。首先是证明佩尔方程解中的 $x_n(a)$ 是丢番图的。

定理 2.3.25　给定自然数 a, x, k，其中 $a > 1$，下列丢番图方程组关于变元 $y, u, v, s, t, b, r, p, q, c, d, e$ 有解，当且仅当 $x = x_k(a)$：

$$x^2 - (a^2 - 1)y^2 = 1, \tag{2.1}$$

$$u^2 - (a^2 - 1)v^2 = 1, \tag{2.2}$$

$$s^2 - (b^2 - 1)t^2 = 1, \tag{2.3}$$

$$v = ry^2, \tag{2.4}$$

$$b = 1 + 4py = a + qu, \tag{2.5}$$

$$s = x + cu, \tag{2.6}$$

$$t = k + 4(d - 1)y, \tag{2.7}$$

$$y = k + e - 1。 \tag{2.8}$$

证明 (⇒) 假定该方程组有一组解。根据方程 (2.5)，$b > a > 1$。由引理 2.3.4，方程 (2.1)、(2.2)、(2.3) 告诉我们存在 $i, j, n > 0$，使得

$$x = x_i(a), y = y_i(a), u = x_n(a), v = y_n(a), s = x_j(b), t = y_j(b)。$$

由方程 (2.4)，我们有 $y \leq v$，因而 $i \leq n$。从方程 (2.5) 和 (2.6)，我们有同余式：

$$b \equiv a \mod x_n(a) \quad 且 \quad x_j(b) \equiv x_i(a) \mod x_n(a)。$$

根据引理 2.3.15，我们还有

$$x_j(b) \equiv x_j(a) \mod x_n(a)。$$

于是

$$x_i(a) \equiv x_j(a) \mod x_n(a)。$$

由引理 2.3.24，有

(1) $$j \equiv \pm i \mod 4n。$$

方程 (2.4) 告诉我们

$$(y_i(a))^2 | y_n(a),$$

所以根据引理 2.3.12，有

$$y_i(a) | n。$$

再结合 (1)，可得

(2) $$j \equiv \pm i \mod 4y_i(a)。$$

根据方程 (2.5)，我们有 $b \equiv 1 \mod y_i(a)$，所以根据引理 2.3.14，有

(3) $$y_j(b) \equiv j \mod 4y_i(a)。$$

而根据方程 (2.7)，有

(4) $$y_j(b) \equiv k \mod 4y_i(a)。$$

结合 (2)、(3) 和 (4) 式，我们得到

$$(5)\qquad k \equiv \pm i \mod 4y_i(a)。$$

方程 (2.8) 和引理 2.3.18 分别告诉我们，$k \le y_i(a)$ 和 $i \le y_i(a)$。如果 (5) 式中 $k \equiv -i \mod 4y_i(a)$，则 $4y_i(a)|k+i$，而这是不可能的，因为 $0 < k+i \le 2y_i(a)$。所以 $k \equiv i \mod 4y_i(a)$，即 $4y_i(a)|k-i$。又因为 $-y_i(a) \le k-i \le 2y_i(a)$，所以 $k=i$，因而 $x = x_i(a) = x_k(a)$，命题证毕。

($\Rightarrow$) 再看反方向。给定 $x = x_k(a)$。取 $y = y_k(a)$，则方程 (2.1) 成立。令 $m = 2ky_k(a)$，取 $u = x_m(a), v = y_m(a)$，则方程 (2.2) 成立。根据引理2.3.9和2.3.11，我们有 $y^2|v$。可以取 r 让它满足方程 (2.4)。由引理2.3.16，v 是偶数，所以 u 是奇数。根据引理2.3.7，$(u,v)=1$。所以 $(u,4y)=1$，原因是对任何 u 和 $4y$ 的素公因子 p，p 必须是奇数（因为 u 是），所以 $p|y$，而 $y|v$，所以 $p|v$。根据中国剩余定理，存在整数 b_0，满足：

$$b_0 \equiv 1 \mod 4y,$$
$$b_0 \equiv a \mod u。$$

显然可以选自然数 b 也满足该同余方程组（选足够大的 j，让 $b = b_0+4uyj > 0$ 即可）。这样就可以找到 b,p,q 满足方程 (2.5)。令 $s = x_k(b), t = y_k(b)$，则它们可满足方程 (2.3)。由于 $b > a$，$s = x_k(b) > x_k(a) = x$，利用方程 (2.5) 和引理2.3.15，我们有 $s \equiv x \mod u$，所以存在 c 满足方程 (2.6)。根据引理2.3.18，我们有 $t \ge k$，而由引理2.3.14，$t \equiv k \mod b-1$，再由方程 (2.5)，我们就有 $t \equiv k \mod 4y$，所以存在满足方程 (2.7) 的 d。仍由引理2.3.18，$y \ge k$，所以选取 $e = y-k+1$ 即可满足方程 (2.8)。 □

现在终于可以证明马季亚谢维奇定理了，即指数函数 $h(n,k) = n^k$ 是丢番图的。

证明 我们需要一个技术性的断言：对任意正整数 a,y 和 k，如果 $a > y^k$，则 $2ay - y^2 - 1 > y^k$。（证明：由于 $a \ge y^k + 1$，因此 $2ay \ge 2(y^k+1)y = y^{k+1} + y^{k+1} + 2y > y^k + y^2 + 1$。）

在方程组 (2.1)—(2.8) 之外再添加下列方程：

$$(x-y(a-n)-m)^2=(f-1)^2(2an-n^2-1)^2, \tag{2.9}$$

$$m+g=2an-n^2-1, \tag{2.10}$$

$$w=n+h=k+l, \tag{2.11}$$

$$a^2-(w^2-1)(w-a)^2z^2=1。 \tag{2.12}$$

我们验证，$m=n^k$ 当且仅当方程组 (2.1)—(2.12) 对其余的变量有解。

先证从右到左的方向。假定方程组 (2.1)—(2.12) 对其余的变量有解。由方程 (2.11)，$w>1$，则 $(w-1)z>0$，再由方程 (2.12)，有 $a>1$。所以我们可以使用定理 2.3.25，得到 $x=x_k(a), y=y_k(a)$。根据方程 (2.9) 和引理 2.3.17，我们有

$$m\equiv n^k \mod 2an-n^2-1。$$

方程 (2.11) 告诉我们 $k,n<w$。由方程 (2.12) 和引理 2.3.4，存在 j 使得 $a=x_j(w)$，$(w-1)z=y_j(w)$。由引理 2.3.14，我们有

$$j\equiv 0 \mod w-1,$$

于是 $j\geq w-1$。根据引理 2.3.19，有

$$a\geq w^{w-1}>n^k。$$

接下来根据方程 (2.10)，有 $m<2an-n^2-1$，再由上面的断言，我们有 $n^k<2an-n^2-1$。最后，因为 m 和 n^k 模 $2an-n^2-1$ 同余并且小于 $2an-n^2-1$，所以 $m=n^k$。

再看从左到右的方向。假定 $m=n^k$，我们需要找到方程组 (2.1)—(2.12) 的解。任选一个比 n 和 k 都大的 w，令 $a=x_{w-1}(w)$，则 $a>1$。根据引理 2.3.14，有

$$y_{w-1}(w)\equiv 0 \mod w-1。$$

所以存在 z 使得 $y_{w-1}(w)=z(w-1)$，即方程 (2.12) 成立。令 $h=w-n$，$l=w-k$ 即可满足方程 (2.11)。同上一段的论证一样，我们有 $a>n^k$。根据上面的断言，我们有

$$m=n^k<2an-n^2-1,$$

所以方程 (2.10) 有解。令 $x = x_k(a)$，$y = y_k(a)$，引理 2.3.17 告诉我们存在 f，使得

$$x - y(a-n) - m = \pm(f-1)(2an - n^2 - 1),$$

所以满足方程 (2.9)。最后，定理 2.3.25 告诉我们方程组 (2.1)—(2.8) 也有解。 □

2.3.3　引理 2.2.10的证明

引理 2.2.10 断言下列函数是丢番图的：

(1) 二项式系数 $f(n,k) = \binom{n}{k}$；

(2) 阶乘函数 $g(n) = n!$；

(3) 连乘积 $h(a,b,y) = \prod_{k=1}^{y}(a + b \times k)$。

下面我们逐条证明该断言。显然，我们会多次用到“指数函数是丢番图的”这一事实。

首先是二项式系数 $f(n,k) = \binom{n}{k}$。思路如下：显然我们想利用二项式定理

$$(u+1)^n = \sum_{i=0}^{n} \binom{n}{i} u^i。$$

要想从中“抓出”第 k 项，我们用 u^k 去除两边。对 $j < k$ 的项，我们证明当 u 充分大（如 $u > 2^n$）时，它们的和 < 1；所以通过取整，可以将它们都“甩掉”。对 $j > k$ 的项，它们被 u^k 除后都含有因子 u，可以通过计算余数 $\mathrm{rem}(u^k, (u+1)^n)$ 把它们都“甩掉”。

引理　2.3.26　$f(n,k) = \binom{n}{k}$ 是丢番图的。

证明　根据二项式定理，

$$\frac{(u+1)^n}{u^k} = \sum_{i=0}^{n} \binom{n}{i} u^{i-k} = \sum_{i=0}^{k-1} \binom{n}{i} u^{i-k} + \sum_{i=k}^{n} \binom{n}{i} u^{i-k}。$$

我们先证当 $u > 2^n$ 时，前一项严格小于 1：

$$\begin{aligned}\sum_{i=0}^{k-1}\binom{n}{i}u^{i-k} &< u^{-1}\sum_{i=0}^{k-1}\binom{n}{i}\\ &< u^{-1}\sum_{i=0}^{n}\binom{n}{i}\\ &= u^{-1}(1+1)^n\\ &< 1,\end{aligned}$$

最后一个 $<$ 是因为 $u > 2^n$。由于后一项显然是整数，

$$\left[\frac{(u+1)^n}{u^k}\right] = \sum_{i=k}^{n}\binom{n}{i}u^{i-k}。$$

进一步地，当 $u > 2^n$ 时，由于

$$\binom{n}{k} \le \sum_{i=0}^{n}\binom{n}{i} = 2^n < u,$$

$\binom{n}{k}$ 就是用 u 去除 $\left[\frac{(u+1)^n}{u^k}\right]$ 所得的余数。所以，$z = \binom{n}{k}$ 当且仅当

$$(\exists u)[u > 2^n \wedge z = \mathrm{rem}(u, \left[\frac{(u+1)^n}{u^k}\right])]。$$

而右边是若干丢番图函数（如指数、$[u/v]$ 和 $\mathrm{rem}(u,v)$）的复合，所以，$f(n,k) = \binom{n}{k}$ 是丢番图的。 □

我们接下来看阶乘函数。尽管用阶乘可以很容易表示二项式系数，但反过来就没那么直接了。但我们可以利用下列事实（练习）：对固定的 x，

$$\lim_{r\to\infty}\frac{r^x}{\binom{r}{x}} = x!。$$

所以思路是证明当 r 充分大时，

$$x! = \left[\frac{r^x}{\binom{r}{x}}\right]。$$

于是我们先证以下引理。

引理 2.3.27　如果 $r > (2x)^{x+1}$，则

$$x! = \left[\frac{r^x}{\binom{r}{x}}\right]。$$

证明　我们想要证明

$$x! \leq \frac{r^x}{\binom{r}{x}} < x! + 1。$$

首先，

$$\frac{r^x}{\binom{r}{x}} = \frac{r^x x!}{r(r-1)\cdots(r-x+1)} \geq x!,$$

其次，

$$\begin{aligned}
\frac{r^x}{\binom{r}{x}} &= \frac{r^x x!}{r(r-1)\cdots(r-x+1)} \\
&= x! \cdot \left[\frac{1}{(1-\frac{1}{r})\cdots(1-\frac{x-1}{r})}\right] \\
&< x! \cdot \frac{1}{(1-\frac{x}{r})^x}。
\end{aligned}$$

注意到当 $r > 2$ 且 $r > x$ 时，有

$$\frac{1}{(1-\frac{x}{r})} < 1 + \frac{2x}{r}$$

（将左边分母乘过去化简即可）。于是，

$$\begin{aligned}
\frac{1}{(1-\frac{x}{r})^x} &< \left(1+\frac{2x}{r}\right)^x \\
&= \sum_{j=0}^{x}\binom{x}{j}\left(\frac{2x}{r}\right)^j \\
&< 1 + \frac{2x}{r}\sum_{j=1}^{x}\binom{x}{j} \\
&< 1 + \frac{2x}{r} \cdot 2^x。
\end{aligned}$$

所以，

$$\begin{aligned}\frac{r^x}{\binom{r}{x}} &< x! + \frac{2x}{r}\cdot x!2^x \\ &< x! + \frac{2^{x+1}x^{x+1}}{r} \\ &< x!+1,\end{aligned}$$

最后一个 $<$ 是因为 $r > (2x)^{x+1}$。 □

引理 2.3.28 $g(n) = n!$ 是丢番图的。

证明 根据引理 2.3.27，有

$$m = n! \Longleftrightarrow (\exists r)[r > (2n)^{n+1} \wedge m = \left[\frac{r^n}{\binom{r}{n}}\right]。$$

而指数函数、二项式系数函数 $\binom{r}{n}$、函数 $[u/v]$ 都是丢番图的，丢番图函数又对复合封闭，引理得证。 □

引理 2.3.29 令 $bq \equiv a \mod M$，则

$$\prod_{k=1}^{y}(a+bk) \equiv b^y y!\binom{q+y}{y} \mod M。$$

证明

$$\begin{aligned} b^y y!\binom{q+y}{y} &= b^y(q+y)(q+y-1)\cdots(q+1) \\ &= (bq+yb)(bq+(y-1)b)\cdots(bq+b) \\ &\equiv (a+yb)(a+(y-1)b)\cdots(a+b) \mod M。\end{aligned}$$

这就是我们要证明的。 □

引理 2.3.30 $h(a,b,y) = \prod_{k=1}^{y}(a+bk)$ 是丢番图的。

证明　在引理 2.3.29中，选取 $M=b(a+by)^y+1$，则 $(M,b)=1$ 且 $M>\prod_{k=1}^{y}(a+bk)$。所以，存在 q 使得 $bq\equiv a \mod M$。于是，$\prod_{k=1}^{y}(a+bk)$ 就是用 M 去除 $b^y y!\binom{q+y}{y}$ 的余数。所以

$$z=\prod_{k=1}^{y}(a+bk)\Longleftrightarrow(\exists M,q)[M=b(a+by)^y+1\wedge bq\equiv a \mod M$$
$$\wedge\, z\equiv b^y y!\binom{q+y}{y} \mod M]。$$

由于中括号内每一合取项都是丢番图的，引理得证。 □

2.3.4　引理 2.2.9的证明

引理　2.3.31

$$(\forall k\le y)(\exists y_1,\cdots,\exists y_m)$$
$$[P_1(y,k,\vec{x},y_1,\cdots,y_m)=P_2(y,k,\vec{x},y_1,\cdots,y_m)],$$

当且仅当

$$(\exists u)(\forall k\le y)(\exists y_1\le u,\cdots,\exists y_m\le u)$$
$$[P_1(y,k,\vec{x},y_1,\cdots,y_m)=P_2(y,k,\vec{x},y_1,\cdots,y_m)]。$$

证明　从右向左方向是显然的。

我们证明从左向右的方向。给定参数 $\vec{x}$ 和 y，对 $k=1,2,\cdots,y$，根据假设，都有证据 $y_1^{(k)},\cdots,y_m^{(k)}$，使得

$$P_1(y,k,\vec{x},y_1,\cdots,y_m)=P_2(y,k,\vec{x},y_1,\cdots,y_m)=0。$$

令

$$u=\max\{y_j^{(k)}:j=1,\cdots,m;k=1,2,\cdots,y\},$$

该极大值存在，因为右边集合是有穷的，则 u 就是我们所要的。 □

引理　2.3.32　令 $Q(y,u,\vec{x})$ 为一多项式，并满足下列条件：

(1) $Q(y,u,\vec{x}) > u$，

(2) $Q(y,u,\vec{x}) > y$，

(3) 如果 $k \le y$ 且 $y_1, \cdots, y_m \le u$，则

$$P_1(y,k,\vec{x},y_1,\cdots,y_m) \le Q(y,u,\vec{x}),$$

并且

$$P_2(y,k,\vec{x},y_1,\cdots,y_m) \le Q(y,u,\vec{x})。$$

由此进一步可得：

$$\begin{aligned}&(\forall k \le y)(\exists y_1 \le u, \cdots, \exists y_m \le u)\\&\qquad [P_1(y,k,\vec{x},y_1,\cdots,y_m) = P_2(y,k,\vec{x},y_1,\cdots,y_m)],\end{aligned}$$

当且仅当存在 $c, t, a_1, \cdots, a_m$，使得

$$\begin{aligned}&1 + ct = \prod_{k=1}^{y}(1+kt)\\ \wedge\quad & t = Q(y,u,\vec{x})!\\ \wedge\quad & 1+ct \mid \prod_{j=1}^{u}(a_1 - j) \wedge \cdots \wedge 1+ct \mid \prod_{j=1}^{u}(a_m - j)\\ \wedge\quad & P_1(y,c,\vec{x},a_1,\cdots,a_m) \equiv P_2(y,c,\vec{x},a_1,\cdots,a_m) \mod 1+ct。\end{aligned}$$

注意：右边的条件是不含有有界量词的，并且因为我们已经证明了阶乘和连乘积都是丢番图的，可以观察到它还是丢番图的。

证明 先看从右向左方向。对 $k = 1, 2, \cdots, y$，令 p_k 为 $1 + kt$ 的一个素因子。令 $y_i^{(k)} = \mathrm{rem}(p_k, a_i)$（$k = 1, 2, \cdots, y; i = 1, 2, \cdots, m$）。

断言 对每个 k, i，我们有

(a) $1 \le y_i^{(k)} \le u$，

(b) $P_1(y,k,\vec{x},y_1^{(k)},\cdots,y_m^{(k)}) = P_2(y,k,\vec{x},y_1^{(k)},\cdots,y_m^{(k)})$。

断言的证明

(a) 由于 $p_k|(1+kt)$，$(1+kt)|(1+ct)$，以及

$$(1+ct)|\prod_{j=1}^{u}(a_i-j) \text{ 且 } p_k|\prod_{j=1}^{u}(a_i-j)。$$

而 p_k 是素数，所以存在某个 $j \le u$ 使得 $p_k|(a_i-j)$。所以

$$j \equiv a_i \equiv y_i^{(k)} \mod p_k。$$

因为 $t=Q(y,u,\vec{x})!$，任何 $1+kt$ 的因子都要大于 $Q(y,k,\vec{x})$，特别地，$p_k > Q(y,k,\vec{x})$。由条件 (1)，有 $p_k > u$。所以，$j \le u < p_k$。另一方面，由 $y_i^{(k)} = \text{rem}(p_k,a_i)$，作为余数它也小于 p_k。从而有 $y_i^{(k)} = j \le u$。

(b) 首先，根据

$$1+ct \equiv 1+kt \equiv 0 \mod p_k,$$

我们有

$$k+kct \equiv c+kct \mod p_k,$$

即 $k \equiv c \mod p_k$。在 (a) 中我们已经得到 $y_i^{(k)} \equiv a_i \mod p_k$。所以，

$$\begin{aligned} P_1(y,k,\vec{x},y_1^{(k)},\cdots,y_m^{(k)}) &\equiv P_1(y,c,\vec{x},a_1,\cdots,a_m) \mod p_k \\ &\equiv P_2(y,c,\vec{x},a_1,\cdots,a_m) \mod p_k \\ &\equiv P_2(y,k,\vec{x},y_1^{(k)},\cdots,y_m^{(k)}) \mod p_k。\end{aligned}$$

而由条件 (3)，对 $i=1,2$，

$$P_i(y,k,\vec{x},y_1,\cdots,y_m) \le Q(y,u,\vec{x}) < p_k。$$

所以上面的同余式告诉我们，

$$P_1(y,k,\vec{x},y_1,\cdots,y_m) = P_2(y,k,\vec{x},y_1^{(k)},\cdots,y_m^{(k)})。$$

这就得到了 (b)。让 $k=1,2,\cdots,y$，我们就得到了所要证明的左边。

接下来我们证明从左到右的方向。对 $k=1,2,\cdots,t$，假设

$$P_1(y,k,\vec{x},y_1^{(k)},\cdots,y_m^{(k)})=P_2(y,k,\vec{x},y_1^{(k)},\cdots,y_m^{(k)}),$$

其中每个 $y_j^{(k)}\leq u$。令 $t=Q(y,u,\vec{x})!$，因为 $\prod_{k=1}^{y}(1+kt)\equiv 1 \mod t$，所以存在 c 使得

$$1+ct=\prod_{k=1}^{y}(1+kt)。$$

不难看出对 $1\leq k<l\leq y$，$(1+kt,1+lt)=1$（参见习题2.16），即 $1+kt$，$k=1,2,\cdots,y$ 是两两互素的。根据中国剩余定理，对每个 i（$1\leq i\leq m$），都有 a_i 满足

$$a_i\equiv y_i^{(k)} \mod 1+kt, \quad k=1,2,\cdots,y。$$

换句话说，$1+kt|a_i-y_i^{(k)}$。而由 $1\leq y_i^{(k)}\leq u$，我们有

$$1+kt|\prod_{j=1}^{u}(a_i-j)。$$

既然每个 $1+kt$ 整除 $\prod_{j=1}^{u}(a_i-j)$，而它们又是两两互素的，所以，它们的乘积也整除 $\prod_{j=1}^{u}(a_i-j)$，即

$$(1+ct)|\prod_{j=1}^{u}(a_i-j),$$

这就验证了 $1+ct$ 整除连乘积的部分。

由前面断言 (b) 的证明，我们有 $k\equiv c \mod 1+kt$。所以

$$\begin{aligned}P_1(y,c,\vec{x},a_1,\cdots,a_m) &\equiv P_1(y,k,\vec{x},y_1^{(k)},\cdots,y_m^{(k)}) \mod 1+kt\\ &= P_2(y,k,\vec{x},y_1^{(k)},\cdots,y_m^{(k)})\\ &\equiv P_2(y,c,\vec{x},a_1,\cdots,a_m) \mod 1+kt。\end{aligned}$$

与上同理（利用两两互素），我们有

$$P_1(y,c,\vec{x},a_1,\cdots,a_m)\equiv P_2(y,c,\vec{x},a_1,\cdots,a_m) \mod 1+ct,$$

这就验证了最后一个合取支。 □

最后我们来完成引理 2.2.9 的证明，即：假设 $P_1(y,k,\vec{x},\vec{y}) = P_2(y,k,\vec{x},\vec{y})$ 是丢番图方程，则集合

$$\{\vec{x} : \forall y \leq k \exists \vec{y}[P_1(y,k,\vec{x},\vec{y}) = P_2(y,k,\vec{x},\vec{y})]\}$$

也是丢番图的。

证明 首先我们给出一个满足引理 2.3.32 中条件 (1)—(3) 的多项式 Q。假设

$$P_1(y,k,x_1,\cdots,x_n,y_1,\cdots,y_m) = \sum_{r=1}^{N} t_r,$$
$$P_2(y,k,x_1,\cdots,x_n,y_1,\cdots,y_m) = \sum_{s=1}^{M} v_s,$$

其中 t_r, v_s 都是形如

$$cy^a k^b x_1^{i_1} \cdots x_n^{i_n} y_1^{j_1} \cdots y_m^{j_m}$$

的项。令 u_r, w_s（分别对应于 t_r, v_s）为

$$cy^{a+b} x_1^{i_1} \cdots x_n^{i_n} u^{j_1+\cdots+j_m},$$

且让

$$Q(y,u,\vec{x}) = u + y + \sum_{r=1}^{N} u_r + \sum_{s=1}^{M} w_s,$$

则不难看出，Q 满足引理 2.3.32 中条件 (1)—(3)。于是，根据引理 2.3.32，$\forall y \leq k \exists \vec{y}[P_1(y,k,\vec{x},\vec{y}) = P_2(y,k,\vec{x},\vec{y})]$ 就等价于该引理所表述的条件，而我们已经观察到它是丢番图的。 □

2.4 习题

2.1 节习题

2.1 证明推论2.1.9。

2.2 证明以下各题：

(1) 根据莱斯-夏皮罗定理2.1.10证明莱斯定理 2.1.8。

(2) 莱斯-夏皮罗定理2.1.10的逆命题是否成立？如果成立，请给出证明；如果不成立，能否对其进行修订，以给出一个指标集是递归可枚举集的充分必要条件？

(3) 证明推论2.1.11。

2.3 我们称两个不相交的集合 A 和 B 为**递归不可分的**，如果不存在递归集 C，使得 $A \subseteq C$ 且 $C \setminus B = \emptyset$。证明存在递归可枚举的递归不可分集。【提示：令 $A = \{x : \Phi_x(x) = 0\}$，且 $B = \{x : \Phi_x(x) = 1\}$。】

2.4 令 A 和 B 为两个递归可枚举集，证明存在递归可枚举集 $A_1 \subseteq A$ 和 $B_1 \subseteq B$，使得 $A_1 \cap B_1 = \emptyset$ 且 $A_1 \cup B_1 = A \cup B$。这一结论也被称为“归约原理”（Reduction Principle），尽管不是很常用。

2.5 我们称一个集合 A 是 Π_1 的，如果它是某个递归可枚举集合的补集。利用递归不可分集证明上面的归约原理对 Π_1 集不适用。

2.6 令 A 和 B 为两个不相交的 Π_1 集。证明存在递归集 C，使得 $A \subseteq C$ 且 $B \subseteq \overline{C}$。

2.2 节习题

2.7 证明：如果证明了“丢番图方程是否有正整数解”是不可判定的，则“丢番图方程是否有整数解”也是不可判定的。【提示：利用数论中有名的拉格朗日定理：每个正整数都可以表示为 4 个整数的平方和。】

2.8 思考：根据费马定理（的一个简单形式），我们知道方程

$$(x+1)^3 + (y+1)^3 = (z+1)^3$$

是没有正整数解的。可是在整数上它有无穷多个解，如 $x = z, y = -1$。这与我们上面的题目矛盾吗？

2.9　证明：定义 1.3.1 中的初始函数，即后继函数、常数函数和投影函数都是丢番图的。

2.10　证明引理 2.2.6 中的丢番图数对编码和解码函数 $P(x,y), L(z)$ 和 $R(z)$ 存在。

2.11　证明引理 2.2.8 中的 β 函数是丢番图的，并补上证明中的其他细节。

2.12　证明定理2.2.9的有界存在量词部分：

假设 $P_1(y,k,\vec{x},\vec{y}) = P_2(y,k,\vec{x},\vec{y})$ 是丢番图方程，则集合

$$\{\vec{x} : \exists y \leq k \exists \vec{y}[P_1(y,k,\vec{x},\vec{y}) = P_2(y,k,\vec{x},\vec{y})]\}$$

也是丢番图的。

2.13　证明以下的普特南定理，它表明一个集合 A 是丢番图的，当且仅当它是某个多项式的值域：自然数集合 $A \subseteq \mathbb{N}$ 是丢番图的，当且仅当存在一个多项式 $P(y_1,\cdots,y_m)$，使得

$$A = \{x : \exists y_1 \cdots \exists y_m[x = P(y_1,\cdots,y_m)]\}。$$

【提示：这种形式的多项式也许有用：$x(1-Q^2(x,x_1,\cdots,x_n))$。】

2.3 节习题

2.14　证明引理 2.3.5、引理2.3.15、引理2.3.16和引理2.3.18。

2.15　证明：对固定的 x，

$$\lim_{r\to\infty} \frac{r^x}{\binom{r}{x}} = x!。$$

2.16　证明：对任意 $s>0$，任意 $y \leq s$，任意 $1 \leq k < l \leq y$，

$$(1+ks!, 1+ls!) = 1。$$

第三章　归约和度

3.1　多一归约和多一完全集

3.1.1　多一归约的基本性质

从多一归约 $\leq_m$ 的定义（定义 2.1.4）可以立刻得出：

(1) $\leq_m$ 是自反和传递的。

(2) $A \leq_m B$ 蕴涵 $\overline{A} \leq_m \overline{B}$（其中 $\overline{A}$ 表示 $\mathbb{N} \setminus A$）。

定义　3.1.1　我们称一个集合 A **多一等价**于集合 B，记作 $A \equiv_m B$，如果 $A \leq_m B$ 并且 $B \leq_m A$。我们也类似地定义**一一等价**。

不难验证 $\equiv_m$ 和 $\equiv_1$ 都是等价关系。它们的等价类分别称作**多一度**（或称作 m-**度**）和**一一度**（或 1-**度**）。我们通常用黑体小写的西文字母表示度。特别地，用 $\mathbf{a}$ 表示集合 A 的度。

度的概念在递归论中是非常重要的。除了多一度之外，我们今后还会看到图灵度等其他度的概念。大家知道，等价关系可以让我们忽略掉不重要的表面的东西，从而更清楚地看清所研究对象的本质。度的概念就是试图把握一个集合所包含的计算方面的信息。因而很自然地我们试图把包含“计算方面的信息相同”或可“相互计算”的集合看成一类。当然，在递归论里对“计算方面的信息”和“相互计算”有不同的刻画，由此产生各种不同的度。

我们还需要引入两个集合的联这一概念。

定义 3.1.2 我们把集合

$$A \oplus B = \{2x : x \in A\} \cup \{2x+1 : x \in B\}$$

称为 A 和 B 的**联**（join）。

显然，集合 A 和 B 在它们的联中分别以偶数部分和奇数部分出现，所以直观上看，两个集合的联包含了它们两个单独集合的信息，而且并没有其他的信息进入它们的联。因此联代表了两个集合在 $\leq_m$ 偏序中的最小上界。

引理 3.1.3 联运算有以下性质。

(1) $A \leq_m A \oplus B$ 且 $B \leq_m A \oplus B$。

(2) 如果 $A \leq_m C$ 且 $B \leq_m C$，则 $A \oplus B \leq_m C$。

(3) 如果 $A \equiv_m C$ 且 $B \equiv_m D$，则 $A \oplus B \equiv_m C \oplus D$。

(4) 如果 A 和 B 都是递归可枚举的，则 $A \oplus B$ 也是。

证明 参见习题3.1。 □

我们可以自然地将联这一算子从集合推广到 m-度上。如果 $\mathbf{a}$ 和 $\mathbf{b}$ 分别是集合 A 和 B 的 m-度，则函数

$$(\mathbf{a}, \mathbf{b}) \mapsto A \oplus B \text{ 的 m-度}$$

是良定义的（请读者验证）。我们称它为**联算子**，记作 $\mathbf{a} \vee \mathbf{b}$。

引理 3.1.3 告诉我们任何两个 m-度 $\mathbf{a}$ 和 $\mathbf{b}$ 都有一个唯一的最小上界，即 $\mathbf{a} \vee \mathbf{b}$。用格论的术语来说就是，m-度、$\leq_m$ 和联算子构成一个**上半格**。

定义 3.1.4 如果偏序集 $(L, \leq)$ 满足：

(1) 对任意 $a, b \in L$，a, b 都有最小上界，记为 $a \cup b$，

(2) 对任意 $a, b \in L$，a, b 都有最大下界，记为 $a \cap b$，

则称 $(L, \leq)$ 为**格**。

$\cup$ 和 $\cap$ 可以看作 L 上的两个运算，分别称为**联**和**会**（meet）。

如果 $(L, \leq)$ 中的任意两个元素只有最小上界，则称之为**上半格**，类似地，只有最大下界则称为**下半格**。

显然，在一个格中，$a \leq b$，当且仅当 $b = a \cup b$，当且仅当 $a = a \cap b$。最典型的格是任意集合的幂集及其上的并、交和子集关系构成的格。假设 D 是全体 m-度的集合，则 $(D, \leq_m)$ 构成一个上半格。

如果一个 m-度中包含一个递归可枚举集，我们就称它为一个**递归可枚举的 m-度**。注意：递归可枚举 m-度对联算子是封闭的。

m-度也有一些不那么理想的性质，例如，集合 $\mathbb{N}$ 和 $\emptyset$ 在多一归约下是不可比的。更一般地，很多集合与其补集是不可比的，如 K 和 $\overline{K}$（参见习题3.2）。后面我们会看到，图灵归约在这一点是不同的。

定义 3.1.5 我们称一个集合 A 为 m-**完全的**，如果

(1) A 是递归可枚举的；

(2) 对任何递归可枚举集 B，$B \leq_m A$。

1-**完全**集可以类似地定义。

根据定义，如果一个 m-度中有一个 m-完全集，则在递归可枚举的 m-度它是最大的。例如，集合 $K_0 = \{\langle x, y\rangle : x \in W_y\}$ 是 1-完全的，因而也是 m-完全的（参见习题3.3）。

引理 3.1.6 集合 $K = \{x : x \in W_x\}$ 是 1-完全的。

证明 根据 $\leq_1$ 的传递性，我们只需证明 $K_0 \leq_1 K$。
考察函数

$$\psi(\langle x, y\rangle, z) = \begin{cases} 1, & \text{如果 } \Phi_x(y)\downarrow; \\ \uparrow, & \text{否则。} \end{cases}$$

该函数中 z 不起作用，但没关系。

根据 s-m-n 定理，存在一个递归单射 g ，使得 $\Phi_{g(\langle x,y\rangle)}(z) = \psi(\langle x,y\rangle, z)$。很容易检验 g 见证了 $K_0 \leq_1 K$ （参见习题3.4）。 □

3.1.2 一一等价与递归同构

定义 3.1.7 我们称集合 A **递归同构**于集合 B，记作 $A \cong B$，如果存在一个递归双射 $f: \mathbb{N} \to \mathbb{N}$，使得 $f[A] = B$。

照理说，我们本应在 $\cong$ 下面标注 r 以示是递归同构，但由于本节并不涉及一般同构，不加标记也不会引起混淆。

递归同构的简单例子有 $\{$偶数$\} \cong \{$奇数$\}$。有兴趣的同学可以思考一下，是不是所有的无穷递归集都是递归同构的？

从递归论的角度看，两个递归同构的集合是等价的。因此，就像代数中对各类结构在同构意义下进行分类一样，我们也可以对自然数集合在递归同构的意义下进行分类，而接下来的迈希尔定理则说明，一一等价是证明两个集合递归同构的方便工具，这也正是我们引入一一等价的意义所在。

迈希尔定理可以看作康托尔-伯恩斯坦定理的递归论版本。证明它的思路也正是康托尔著名的“往复法”（back-and-forth）。康托尔使用这个方法证明了任何可数的无端点稠密线性序都是同构的（有兴趣的读者可以参考文献（郝兆宽，杨跃，2014），定理 3.4.15 ）。

定义 3.1.8 一个 A 到 B 的**部分递归同构** h 是一个从 A 到 B 的有穷函数，满足：

(1) h 是单射；

(2) 对任一 $x \in \mathrm{dom}(h)$，$x \in A$ 当且仅当 $h(x) \in B$。

引理 3.1.9 假设 $C \leq_1 D$，则存在一个能行程序使得：对任一给定的部分同构 $h: C \to D$ 和任一 $u \notin \mathrm{dom}(h)$，该程序提供一个 D 中的 v，使得 $h \cup \{(u,v)\}$ 是一个部分同构。

证明　我们给出引理证明的想法，细节留给读者（参见习题3.6）。假设 $C \leq_1 D$ 是通过 f 来见证的。考察 $f(u)$。如果 $f(u) \notin \mathrm{ran}(h)$，则令 $v = f(u)$；否则，接着考察 $f(h^{-1}(f(u)))$……这样不断做下去，直到我们找到一个不在 h 值域中的 v 为止。注意到由于 f 和 h 是单射，而 u 不属于 $\mathrm{dom}(h)$，所以这样的 v 一定存在。 □

定理　3.1.10（迈希尔，1955）

$$A \cong B \text{ 当且仅当 } A \equiv_1 B。$$

证明　“⇒”方向是平凡的。我们下面证明方向“⇐”。

假设 $A \leq_1 B$ 和 $B \leq_1 A$ 分别通过 f 和 g 来见证，我们分步构造所需要的递归同构 H。

首先令 $h_0 = \emptyset$ 为空函数，这当然也是一个部分递归同构。

假定在进行 s 步构造之后，我们得到了部分递归同构 h_s。令 u 为最小的不在 $\mathrm{dom}(h_s)$ 中的自然数。根据引理 3.1.9（施于 A, B, h_s, f 和 u），我们得到一个部分同构 h'，它的定义域包含了 u（这是所谓的“往”）。接下来，令 v 为最小的不在 $\mathrm{ran}(h')$ 中的自然数。根据引理 3.1.9（施于 $B, A, (h')^{-1}, g$ 和 v），我们得到一个部分同构 h_{s+1}，它的值域包含了 v（这是所谓“复”）。不难验证 $H = \bigcup_s h_s$ 就是 A 到 B 的递归同构（参见习题3.7）。 □

3.1.3　创造集、产生集和 1-完全

在定义了多一归约和一一归约之后，一个自然的问题是它们有什么不同吗？会不会在某些度中它们是一样的呢？

还记得递归可枚举的 m-度或 1-度中最大的是包含 m-完全集或 1-完全集的度。而我们迄今所知道的两个完全集 K_0 和 K 都既是 m- 完全的，又是 1-完全的。接下来的定理则说明，所有的完全集都是如此。

定理　3.1.11　一个集合 A 是 m-完全的，当且仅当它是 1-完全的。

定理 3.1.11 和迈希尔定理一起告诉我们，所有的 m-完全集都是递归同构的。因此，本质上只有一个唯一的 m-完全集，例如 K，其他的 m-完全集都是它的递归同构像。

有不止一个方法证明定理3.1.11，我们采取的方法是借助“产生集”和“创造集”的概念[①]，并应用递归定理来证明非平凡的那个方向。

定义 3.1.12 我们称一个集合 A 为**产生集**，如果存在一个递归函数 p 使得：如果 $W_x \subseteq A$，则 $p(x) \in A \setminus W_x$。此时，我们称函数 p 为集合 A 的一个**产生函数**。

我们称一个集合 A 为**创造集**，如果它是递归可枚举的，并且它的补集 $\overline{A}$ 是一个产生集。

例 3.1.13 $\overline{K}$ 是一个产生集，恒同函数 $p(x) = x$ 是它的一个产生函数。细节如下：假设 $W_x \subseteq \overline{K}$。如果 $g(x) = x$ 不属于 $\overline{K}$，那么 $x \in K$。于是根据 K 的定义，$x \in W_x$，与假设矛盾。另一方面，如果 $x \in W_x$，同样根据 K 的定义，$x \in K$，仍与假设矛盾。所以，$x \in \overline{K} \setminus W_x$。因此，$K$ 是一个创造集。

我们看一些产生集的性质。

引理 3.1.14 如果 P 是一个产生集，则 P 不是递归可枚举的，而且 P 有一个无穷的递归可枚举子集。

证明 从产生集的定义立得，对所有的 x，$P \neq W_x$（它的产生函数 $p(x)$ 就是不等的证据），所以，产生集不是递归可枚举的。

假设 p 是 P 的一个产生函数。我们枚举它的一个无穷递归可枚举子集 $A = \{y_0, y_1, \cdots\}$。方法如下：

取 e_0 为空集的一个指标，即 $W_{e_0} = \emptyset$。由产生函数的定义，$p(e_0) \in A$。令 $y_0 = p(e_0)$ 即可。

假定我们已经定义了 $A_n = \{y_0, y_1, \cdots, y_{n-1}\}$。能行地找到一个指标 e_n，使得 $W_{e_n} = A_n$，令 $y_n = p(e_n)$ 和 $B_{n+1} = A_n \cup \{y_n\}$。由于 y_n 对不同的 n 是不同的，$A = \bigcup_n A_n$ 就是 P 的一个无穷的递归可枚举子集。 □

① 创造集是波斯特在 1944 年的一篇文章中引入的（Post, 1944）。在其中，波斯特谈到“数学思维是，而且将来也是，本质上创新的”。后来人们把“creative set”译成“创造集”。我们不必过度地解读术语中非数学的涵义。

引理 3.1.15 如果 P 是一个产生集并且 $P \leq_m A$，则 A 也是一个产生集。

证明 假定 $P \leq_m A$ 是通过函数 f 见证的，而且 $p(x)$ 是 P 的一个产生函数。

对任意 $W_x \subseteq A$，首先注意到 W_x 的元素在 f 下的原像的集合 $f^{-1}[W_x]$ 是递归可枚举的。令 $g(x)$ 为（用 s-m-n 定理得到的）满足 $W_{g(x)} = f^{-1}[W_x]$ 的函数，则 $W_{g(x)} \subseteq P$，所以 $p(g(x)) \in P \setminus W_{g(x)}$，$f(p(g(x))) \in A \setminus W_x$。这就证明了复合函数 $f \circ p \circ g$ 是 A 的一个产生函数。 □

特别地，如果 $K \leq_m A$，则 $\overline{A}$ 为一个产生集，而下面的引理让我们可以把产生函数取成单射。

引理 3.1.16 每一个产生集 P 都有一个一一的产生函数。

证明 令 $f(x)$ 为 P 的一个产生函数，我们递归地将 f 转换成一个一一的产生函数 p。

根据 s-m-n 定理，存在递归函数 $h(x)$，使得对任一 x 都有 $W_{h(x)} = W_x \cup \{f(x)\}$。由于 f 是一个产生函数，我们有

$$W_x \subseteq P \Rightarrow W_{h(x)} \subseteq P。$$

递归定义函数 p 如下：$p(0) = f(0)$。假设 $p(x)$ 已经定义，为了计算 $p(x+1)$，我们枚举集合

$$Y_{x+1} = \{f(x+1), fh(x+1), fh^2(x+1), \cdots\}。$$

注意到如果 $W_{x+1} \subseteq P$，则 Y_{x+1} 是无穷的，而且其中的元素两两不相等，所以总会出现一个元素 $y \in Y_{x+1}$，使得 $y \notin \{p(0), \cdots, p(x)\}$。如果 Y_{x+1} 中出现重复的元素，则说明 $W_{x+1} \not\subseteq P$（请验证）。所以，我们可以持续枚举 Y_{x+1}，直到看到下列事件之一：发现一个 $y \in Y_{x+1}$，但 $y \notin \{p(0), \cdots, p(x)\}$；或者发现 $y_1, y_2 \in Y_{x+1}$，$y_1 = y_2$。如果是前者，则令 $p(x+1) = y$；如果是后者，则令 $p(x+1)$ 为 $\mathbb{N} \setminus \{p(0), p(1), \cdots, p(x)\}$ 的最小元即可。 □

借助以上引理和递归定理，我们就可以证明定理 3.1.11 的关键引理了。

引理 3.1.17（迈希尔） 如果 P 是一个产生集，则 $\overline{K} \leq_1 P$。

证明的基本想法是这样的：我们打算利用 s-m-n 定理和递归定理定义一个一一函数 $n(y)$，让它与（一一的）产生函数 p 一起见证 $\overline{K}$ 一一归约到 P。任给自然数 y，如果 $y \in \overline{K}$，我们就让 $W_{n(y)}$ 为空集，由产生函数的性质，一定有 $p(n(y)) \in P$。如果 $y \notin \overline{K}$，则令 $W_{n(y)} = p(n(y))$，同样，产生函数 p 的性质决定了 $p(n(y))$ 不属于 P。

证明 令 $p(x)$ 是 P 的一个一一的产生函数。我们定义递归函数 $f(x,y)$ 如下：

$$W_{f(x,y)} = \begin{cases} \{p(x)\}, & \text{如果 } y \in K; \\ \emptyset, & \text{否则。} \end{cases}$$

由带参数的递归定理，存在一个递归单射 $n(y)$，使得

$$W_{n(y)} = W_{f(n(y),y)} = \begin{cases} \{p(n(y))\}, & \text{如果 } y \in K; \\ \emptyset, & \text{否则。} \end{cases}$$

于是，若 $y \in K$，则 $W_{n(y)} = \{p(n(y))\}$。由于 p 是 P 的产生函数，我们有 $W_{n(y)} \not\subseteq P$。所以，$p(n(y)) \in \overline{P}$（因为 $W_{n(y)}$ 是单点集）。另一方面，若 $y \in \overline{K}$，则 $W_{n(y)} = \emptyset$，因而 $W_{n(y)} \subseteq P$，所以 $p(n(y)) \in P$。 □

定理3.1.11的证明 假设 $K \leq_m A$，则 $\overline{K} \leq_m \overline{A}$。于是 $\overline{A}$ 也是一个产生集。根据引理 3.1.17，$\overline{K} \leq_1 \overline{A}$。所以 $K \leq_1 A$。 □

如果集合 A 是 1-完全的，根据定理 3.1.11 后的讨论，A 与 K 递归同构，所以它是创造集。现在我们可以证明它的逆命题。

推论 3.1.18 如果 A 是一个创造集，则 A 是 1-完全的。

证明 假设 A 是一个创造集，则 A 是递归可枚举的，且 $\overline{A}$ 是一个产生集。根据引理 3.1.17，我们有 $\overline{K} \leq_1 \overline{A}$。所以 $K \leq_1 A$，即 A 是 1-完全的。 □

我们把本小节结果总结如下。

推论 3.1.19 令 P 为一个自然数集。下列命题等价：

(1) P 是一个产生集；

(2) $\overline{K} \leq_1 P$；

(3) $\overline{K} \leq_m P$。

也可以从另一方面叙述如下：

推论 3.1.20 令 A 为一个自然数集。下列命题等价：

(1) A 是一个创造集；

(2) A 是 1-完全的；

(3) A 是 m-完全的。

3.1.4 单集

现在我们已经知道，在递归可枚举的 m-度中存在一个最大的度，这就是 m-完全集的度，或者等价地，也是 1-完全集的度，同时也是创造集的度。另一方面，如果不考虑空集和 $\mathbb{N}$，递归可枚举的 m-度在某种意义上也有一个最小的递归集的度（参见习题3.5）。所以，一个很自然的问题就是：是否存在处于这两者之间的度？等价地，是否每一个非递归的递归可枚举集都是 m-完全的？我们后面会看到，这个问题与波斯特问题密切相关。回答这个问题，取决于我们是否能找到一个非递归的但同时也不是 m-完全的集合。

如何使一个集合 A 不是 m-完全的呢？由于 m-完全集也都是创造集，而创造集的补集是产生集。所以，波斯特很自然地想到将 A 的补集 $\overline{A}$ “打薄”，使其不再是产生集。这样 A 就不是创造集，因而也不是 m-完全集。为此，波斯特引入了单集的概念。

定义 3.1.21 我们称一个集合 A 为**单集**，如果

(1) A 是递归可枚举的；

(2) $\overline{A}$ 是无穷的；

(3) 对任一无穷的递归可枚举集 B，$B \cap A \neq \emptyset$。

在群论里有所谓单群的概念，指不含非平凡正规子群的群。从某种意义上看（从补集角度看），单集的补集不含非平凡（即无穷）的递归可枚举集。

引理 3.1.22 如果 A 是一个单集，则 A 既不是递归的，也不是 m-完全的。

证明 定义3.1.21的 (2) 和 (3) 告诉我们，$\overline{A}$ 不是递归可枚举的，所以 A 不是递归的。同时，引理3.1.14和定义3.1.21的 (3) 告诉我们，$\overline{A}$ 不是产生集，因而 A 不是创造集，由推论3.1.20，A 不是 m-完全的。 □

定理 3.1.23（波斯特） 单集存在。

在具体构造某个单集 A 之前，我们先进行一些分析，并借此机会说明构造递归可枚举集的通常步骤。

顾名思义，构造一个递归可枚举集 A，就是用递归的方式把 A 中的元素一一列举出来。我们要做的就是写一个算法或程序，当我们一步步地执行这个程序时，时不时地会将某些自然数枚举到 A 中。我们通常会有一个参数 s 来表示步数。在（程序执行到）第 s 步时，我们会做一些判断来决定是否枚举新元素进 A。由于要求枚举方式是递归的，我们必须根据现有的在 s 步内“观察到”的事实作判断，而不能用涉及诸如将来或“如有无穷多个……”之类的事实。我们通常用 A_s 来表示在 s 步内已经枚举进 A 的元素，一般来说 A_s 是有穷的，而且枚举进去的元素不能再拿出来。我们想要的集合 A 就是 $\bigcup_s A_s$。

以上是构造递归可枚举集的一般过程。在构造具体的集合时，通常会有“**需求-策略-构造-验证**”4 个步骤。我们以单集的构造为例，来详细说明具体构造一个符合某些要求的递归可枚举集的整个过程。

所谓需求，就是把我们的目标列举出来。例如，我们想要构造单集 A，目标就是让 A 满足：(1) $\overline{A}$ 是无穷的，并且 (2) A 与每个无穷的递归可枚举集相交。但这个目标涉及所有的递归可枚举集，难以直接操作，所以，我们需要把目标分成无穷多条细目，通常按指标排列，这个无穷序列称为**需求**（requirements）。例如，目标 (2) 可以分解成

$$R_e: \text{如果 } W_e \text{ 是无穷的，则 } A \cap W_e \neq \emptyset\text{。}$$

怎样写需求是需要经验的，需求写得好往往能有事半功倍的效果。

有了需求之后，下一步就要制定满足这些需求的**策略**（strategies）。为了帮助读者更好地理解构造，这一部分往往会解释得多一些。不然的话，读者就如同读计算机程序一样，不容易读出背后的想法。因此，在描述策略时，往往先从最直接、最单纯的想法说起；然后讨论这样行还是不行，如果不行应该怎样改进，等等。当构造比较复杂时，这样的改进会进行多次。

例如，满足 R_e 最直接的策略就是：将 W_e 中的任一个元素枚举到 A 中。由于进入递归可枚举集中的元素再也不能离开，R_e 从此就永远被满足了。注意：为了满足 R_e，我们只需枚举一个元素到 A 中即可。

由于我们不能递归地知道 W_e 是否是无穷的，我们甚至不能递归地知道某个自然数 n 是否属于 W_e，我们只能一步步地观察，看在 s 步时是否有 $x \in W_{e,s}$（即：在 s 步时 x 已经出现在 W_e 中），且 R_e 尚未被满足。若有的话，就将 x 枚举进 A。

但这样做有一个问题，如果我们看见元素就枚举，如何保证 $\mathbb{N} \setminus A$ 无穷呢？弄不好的话，会不会把所有自然数都枚举进 A 呢？

所以我们要改进策略，在枚举时要留些元素给 A 的补集。具体做法是：满足 R_0 的策略可以枚举任何自然数；满足 R_1 的策略只能枚举大于等于 2 的自然数；满足 R_2 的策略只能枚举大于等于 4 的自然数，等等。一般地说，满足 R_e 的策略只能枚举 $\geq 2e$ 的自然数。这样，0 和 1 两个数中最多有一个被枚举进 A（因为只有满足 R_0 的策略能枚举它，且只需枚举其中一个），$0, 1, 2, 3$ 中最多有两个被枚举进 A，等等。一般地说，$0, 1, \cdots, 2e-1$ 中最多有 e 个数被枚举进 A，从而保证了 $\overline{A}$ 最终是无穷的。

改进后的策略有没有带来新问题呢？会不会有些 R_e 非得要我们枚举某个小于 $2e$ 的数进 A 里呢？答案是不会的，原因是 R_e 只关心无穷的 W_e，在一个固定前段上发生的事无关紧要。

策略一旦解释清楚，就可以写出精确的构造了。例如，单集的构造可以写成这样：

构造 第 0 步：令 $A_0=\emptyset$。

第 $s+1$ 步：假定 A_s 已经定义好了。检查看有没有 $e<s+1$，使得需求 R_e 尚未被满足，且存在 $x\in W_{e,s+1}$，$x\geq 2e$。如果没有，则什么不用做。如果有，则选取最小的那个 e，对于选定的 e，选取最小的那个 x，将 x 枚举进 A，即令 $A_{s+1}=A_s\cup\{x\}$，并宣称需求 R_e 被满足。构造完毕。

构造描述完之后，还要**验证**它的正确性，这是最后一步。

令 $A=\bigcup_s A_s$。我们验证 A 是一个单集。虽然读者会认为在讨论策略时，已经有足够多的理由相信构造的正确性，我们还是想给出一个完整的例子。顺便说一句，递归论研究中有太多这样的事例，策略看上去合情合理，但构造却完全不成功，因此验证是必不可少的。

首先，我们的构造是递归的，因此 A 是一个递归可枚举集（这一条的验证通常会被省略）。接下来，构造保证了 $0,1,\cdots,2e-1$ 中最多有 e 个数被枚举进 A，所以 $\overline{A}$ 是无穷的。最后我们用归纳法证明：对每个 e，如果 W_e 是无穷的，则存在某步 s，使得我们在 s 步满足需求 R_e。因此，单集定义中的条件 (3) 也被满足了。归纳很简单。假设陈述对下标小于 e 的 W_e 成立。根据归纳假定，存在步数 t，使得对任何 $i<e$，如果 W_i 是无穷的，则我们在 t 步之前就满足了 R_i。考察 W_e，如果它是有穷的，则命题平凡成立；如果它是无穷的（并且 R_e 没有在 t 步之前被满足），则存在 $s>t$，在 s 步我们有"需求 R_e 尚未被满足，且存在 $x\in W_{e,s}$，$x\geq 2e$"。根据构造，我们在 s 步就会让 $x\in W_e\cap A$，因而满足需求 R_e。验证完毕。

3.2 图灵归约和图灵度

本节所讨论的内容包括递归论中的两个最根本的概念：图灵度和跃迁算子。递归论中的所有领域都会不可避免地涉及它们。

3.2.1 相对可计算性

我们从相对可计算性谈起。大家知道，递归论又叫可计算性理论。可递归论研究的对象几乎都是不可计算的。那为什么不叫"不可计算性理论"

呢？原因就是递归论主要研究的是相对可计算性，利用相对化，我们就能够研究不可计算集合的可计算性。大家马上会看到，相对可计算性和可计算性很相似，所以，把递归论称为可计算性理论还是有一定的道理。

直观上说，相对可计算性就是比较两个集合 A 和 B 的可计算性，看谁能够把谁算出来，或者说是谁包含的可计算性方面的信息多。3.1节引入的多一归约也可以说是一种相对可计算性。$B \leq_m A$ 就是说，“B（在多一归约的意义下）比 A 容易算”。然而多一归约有些局限，我们知道 $K \not\leq_m \overline{K}$ 并且 $\overline{K} \not\leq_m K$；但直观上看，$K$ 和 $\overline{K}$ 应该一样容易算，因为如果你想知道 x 是否属于 K，你也可以问 x 是否属于 $\overline{K}$，只要把答案反过来就是了。

想利用集合 A 来回答 x 是否属于 B，多一归约限制我们只能问 A 一个问题，即 $f(x)$ 是否属于 A，其中 f 是见证 $B \leq_m A$ 的递归函数，而且如果 A 对 $f(x)$ 说“是”，B 就不能对 x 说“不”。我们将要引入的图灵归约 $B \leq_T A$ 就灵活多了。想要知道 x 是否属于 B，我们可以先进行一些计算，然后问 A 有穷多个问题。如，自然数 y 属于 A 吗？z 属于 A 吗？等等。根据答案，如 y 属于而 z 不属于 A，我们继续计算。如果需要，我们可以再问 A 有穷多个问题，如此往复，直到确定 x 是否属于 B 为止。

与可计算性的定义一样，我们既可以用函数类，也可以用图灵机的方式来严格定义相对可计算性。我们先说前者，它与定义 1.3.26 极为相似，只不过是把 A 的特征函数添加到初始函数中而已。

定义 3.2.1　全体**相对于 A 的部分递归函数**（或简称为A-**部分递归函数**）的集合为最小的包含所有初始函数和 A 的特征函数 χ_A，并且对复合、原始递归和极小化封闭的函数集合。

一个 A-部分递归的全函数称为A-**递归函数**。

再看机器版本。一台**带信息源的图灵机**就是在一台标准的图灵机上添加一条单边无穷、只能读不能写的纸带，称为“信息源纸带”。信息源纸带从起始端向右无穷延伸并分成一个个方格，在每个方格中记录 0 或 1。显然，只要在第 i 格方格中写上 $\chi_A(i)$，自然数集 A 的信息就全部记录在信息源纸带上。带信息源的图灵机运行方式与标准图灵机类似，或者说与一个双头双纸带的图灵机类似，唯一不同是信息源纸带是事先写好的，运行过程中只能读不能写。它的程序可以用多种方式表达，例如，我们可以把指令表示成一个 7-元组的有穷集，其中 7-元组的形式为 $qabb'q'DD'$（这里 $D, D' \in \{L, R\}$，且 L 和 R 分别表示左和右）。7-元组的直观意思是：在状态 q 时如果看到信息源纸带上符号为 a，工作纸带上符号为 b，则将 b 改为 b'，同时读信息源的头沿方向 D 移动一格，工作带的头沿 D' 方向移动一格，并将状态改为 q'。注意：带信息源的图灵机程序独立于信息源纸带上的内容，也就是说，不管信息源纸带上放入什么集合的信息，图灵机的程序不变。当然信息源不同，具体计算的结果会不同。

定义 3.2.2 我们称一个部分函数 ψ 为**相对于 A 图灵可计算的**（或简称为A-**图灵可计算的**），如果存在一台带信息源的图灵机 M，使得若 M 的信息源纸带上存放 χ_A，则对所有自然数 x 和 y，我们有 $\psi(x) = y$，当且仅当 M 对输入 x 停机并输出 y。

同标准可计算函数一样，相对于 A 的可计算函数也有函数刻画和机器刻画的等价性。

定理 3.2.3 一个部分函数 ψ 是 A-部分递归的，当且仅当 ψ 是 A-图灵可计算的。

在将最基本的可计算性概念相对化之后，第一章中的很多结果也可以随之相对化。以下定理的证明与第二章中相应定理类似，我们就不再赘述了。

显然我们可以能行地将所有的 7-元组编码，因而也能把所有的带信息源的图灵机能行地枚举出来：$M_0^X, M_1^X, \cdots$，其中上标 X 表明我们所枚举的是带信息源 X 的机器。进一步，我们可以能行地枚举所有的 X-部分递归函数：$\Phi_0^X, \Phi_1^X, \cdots$，其中 Φ_e^X 为图灵机 M_e^X 所计算的函数。注意：我们的枚举是不依赖于信息源 X 的。这一点也许从函数类的角度看会清楚一些。

定理 3.2.4（相对化的通用函数定理） 存在自然数 z，满足对所有 $A \subseteq \mathbb{N}$，对所有 $x, y \in \mathbb{N}$，$\Phi_z^A(x, y) = \Phi_x^A(y)$。

定理 3.2.5（相对化的 s-m-n 定理） 对任意 $m, n \geq 1$，存在 $m+1$ 元的递归单射 s_n^m，使得对任意集合 $A \subseteq \mathbb{N}$ 和任意自然数 $x, \vec{y}$，都有

$$\Phi_{s_n^m(x,\vec{y})}^A(\vec{z}) = \Phi_x^A(\vec{y}, \vec{z})。$$

注意：函数 s_n^m 是递归函数，而不仅仅是 A-递归函数。我们也有相对化的递归定理。

定理　3.2.6（克林尼）　对所有集合 $A \subseteq \mathbb{N}$ 和所有 $x, y \in \mathbb{N}$，如果 $f(x, y)$ 是 A-递归的，则存在一个递归函数 $n(y)$，使得

$$\Phi_{n(y)}^A = \Phi_{f(n(y),y)}^A。$$

注意：$n(y)$ 仍是不依赖于 A 的。

最后，我们讨论一些与相对可计算性有关的概念和记号，为将来的讨论作些准备。

记法　3.2.7　首先我们用 $\Phi_{e,s}^A(x) = y$ 表示 $x, y, e < s$，且 $\Phi_e^A(x) = y$ 在小于 s 步内完成计算。由于对信息源的一次询问也算一步，至多有 s 个数被询问。

定义　3.2.8　如果一个带信息源的图灵机在计算 $\Phi_e^A(x)$ 时，询问了自然数 n 是否属于信息源 A，我们则称该计算过程**使用了** n。我们把**使用函数** $u(A; e, x, s)$ 和 $u(A; e, x)$ 分别定义如下：

$$u(A; e, x, s) = \begin{cases} 1 + v, & \text{若 } \Phi_{e,s}^A(x)\downarrow \text{ 且 } v \text{ 是计算过程中} \\ & \text{使用了的最大的自然数;} \\ 0, & \text{否则} \end{cases}$$

和

$$u(A; e, x) = \begin{cases} u(A; e, x, s), & \text{如果存在 } s \text{ 使得 } \Phi_{e,s}^A(x)\downarrow; \\ \uparrow, & \text{否则。} \end{cases}$$

尽管两者都称为使用函数，在有上下文的时候它们的涵义应该不会混淆。不难看出 $\Phi_{e,s}^A(x) = y$ 蕴涵 $(\forall t \geq s)[\Phi_{e,t}^A(x) = y$ 且 $u(A; e, x, t) = u(A; e, x, s)]$。

既然所有停机的计算都只使用信息源的一个有穷部分，为了方便，我们允许把一个有穷序列当作信息源。

记法 3.2.9 对一个有穷序列 $\sigma \in 2^{<\omega}$，我们规定 $\Phi_{e,s}^{\sigma}(x) = y$，如果对某个集合 $A \supset \sigma$，使得 $\Phi_{e,s}^{A}(x) = y$，且在计算过程中仅使用了小于 σ 长度的自然数 z，这里我们把集合 A 等同于它的特征函数。我们也规定 $\Phi_{e}^{\sigma}(x) = y$，如果 $(\exists s)[\Phi_{e,s}^{\sigma}(x) = y]$。

我们列举一些关于使用函数的简单事实，证明留给读者。

定理 3.2.10 对任意 e, σ, x, s，以下命题成立：

(1) 集合 $\{\langle e, \sigma, x, s\rangle : \Phi_{e,s}^{\sigma}(x)\downarrow\}$ 是递归的；

(2) 集合 $\{\langle e, \sigma, x\rangle : \Phi_{e}^{\sigma}(x)\downarrow\}$ 是递归可枚举的。

证明 参见习题3.25。 □

定理 3.2.11（使用原理）

(1) 如果 $\Phi_{e}^{A}(x) = y$，则 $(\exists s)(\exists \sigma \subset A)[\Phi_{e,s}^{\sigma}(x) = y]$；

(2) 如果 $\Phi_{e,s}^{\sigma}(x) = y$，则 $(\forall t \geq s)(\forall \tau \supseteq \sigma)[\Phi_{e,t}^{\tau}(x) = y]$；

(3) 如果 $\Phi_{e}^{\sigma}(x) = y$，则 $(\forall A \supset \sigma)[\Phi_{e}^{A}(x) = y]$。

注意：(3) 中的 $\forall A$ 是一个二阶量词，即它的辖域为所有自然数的子集。

证明 参见习题3.26。 □

使用原理最重要的推论如下。

推论 3.2.12 对任何自然数子集 A 和 B，令 $v = u(A; e, x, s)$，则

$$[\Phi_{e,s}^{A}(x) = y \ \wedge A \restriction v = B \restriction v] \Rightarrow \Phi_{e,s}^{B}(x) = y。$$ [①]

这个推论的意义在于，将来我们经常会构造某个递归可枚举集 A 作为信息源。如果我们想“保护”某个与 A 有关的计算 $\Phi_{e,s}^{A}(x) = y$，即：使其在构造的后续步骤中保持不变，那我们只需停止将小于 u 的数枚举进 A 就可以。因为根据这个推论，大于等于 u 的数不影响 $\Phi_{e,s}^{A}(x) = y$ 的结果。

① 我们用 $A \restriction n$ 来表示长度为 n 的有穷 0-1 序列 $\chi_A \restriction n$。

3.2.2　图灵归约和图灵度

利用相对可计算性，我们就可以讨论图灵归约了。

定义 3.2.13　假设 A, B 为自然数的集合。

(1) 我们称集合 B 是A-**递归的**，如果 B 的特征函数是 A-递归的，即：存在 e ，$\chi_B = \Phi_e^A$。B 是 A-递归的也称作 B **递归于** A，或 B 可以**图灵归约到**A，通常记作 $B \leq_T A$。

(2) 我们称 B 是A-**递归可枚举的**（或 B **递归可枚举于** A），如果存在 e，$B = W_e^A$，其中 W_e^A 表示 Φ_e^A 的定义域。

(3) 我们称B **是** Σ_1^A **的**（或 B 具有Σ_1^A **的形式**），如果 $B = \{x : (\exists\vec{y})R^A(x, \vec{y})\}$，其中 $R^A(x, \vec{y})$ 是一个 A-递归的谓词。

显然，若 $B \leq_m A$，则 $B \leq_T A$（参见习题3.27）。

与未相对化的情形类似，我们有下列关于 A-递归集和 A-递归可枚举集的定理。证明依然留给读者。

定理 3.2.14　$B \leq_T A$ 当且仅当 B 和 $\overline{B}$ 都是 A-递归可枚举的。

证明　参见习题3.31。 □

定理 3.2.15　下列命题等价：

(1) B 是 A-递归可枚举的；

(2) $B = \emptyset$ 或 B 是某个 A-递归（全）函数的值域；

(3) B 是 Σ_1^A 的。

证明　参见习题3.30。 □

定义 3.2.16　令 A, B 为自然数的集合。

(1) 我们称集合 A 和 B **图灵等价**，记作 $A \equiv_T B$，如果 $A \leq_T B$ 且 $B \leq_T A$（显然，$\equiv_T$ 是一个等价关系）；

(2) 我们称包含集合 A 的等价类为 A 的**图灵度**（Turing degree），记作 $\deg(A)$，即：$\deg(A)=\{B: B\equiv_T A\}$；

(3) 我们称一个图灵度 $\mathbf{a}$ 为**递归可枚举的**，如果它包含一个递归可枚举集。

记法 3.2.17 我们用 $\mathcal{D}$ 来表示所有图灵度的类，用 $\mathcal{R}$ 来表示所有递归可枚举度的类。通常用粗体的西文小写字母，如 $\mathbf{a}$，$\mathbf{b}$ 等来表示（集合 A，B 的）图灵度。

显然，如果 $A\equiv_m B$，则 $A\equiv_T B$，但是反之不一定成立。另外，我们有以下简单的命题：

引理 3.2.18 如果 A 是 B-递归可枚举的且 $B\leq_T C$，则 A 是 C-递归可枚举的。

证明 不妨设 $A\neq\emptyset$。我们需要证明存在 e，$A=W_e^C$。已知 $A=W_{e_0}^B$，而 $\Phi_{e_0}^B$ 是 B-部分递归的。由于 $B\leq_T C$，存在 e_1，$\chi_B=\Phi_{e_1}^C$。由丘奇论题，$\Phi_{e_0}^B$ 是 C-部分递归的。所以存在 e_2，使得 $\Phi_{e_0}^B=\Phi_{e_2}^C$，而 $A=W_{e_2}^C$。 □

3.2.3 图灵度上的算子

我们前面提到过，一个集合的“度”可以视为对其可计算性的某种刻画，而不去管与计算无关的东西。这么看来，集合上的运算或集合间的关系，只要是关于可计算性的，都应该能自然地诱导出度上的相应版本。

定义 3.2.19 我们称图灵度 $\mathbf{a}$ **图灵归约到**图灵度 $\mathbf{b}$，或简单称为 $\mathbf{a}$ **图灵小于等于** $\mathbf{b}$，记作 $\mathbf{a}\leq_T\mathbf{b}$ (或 $\mathbf{a}\leq\mathbf{b}$)，如果存在 $A\in\mathbf{a}$ 和 $B\in\mathbf{b}$，使得 $A\leq_T B$。定义 $\mathbf{a}\vee\mathbf{b}=\deg(A\oplus B)$，其中 $A\in\mathbf{a}$ 且 $B\in\mathbf{b}$。$\vee$ 称作 $\mathcal{D}$ 上的**联算子**。

容易验证，度上的 $\leq$ 是良定义的，并且是 $\mathcal{D}$ 上的一个偏序。算子 $\vee$ 也是良定义的，并且 $(\mathcal{D},\leq_T,\vee)$ 构成所谓的上半格（参见习题3.32）。

偏序结构 $(\mathcal{D},\leq_T)$ 和上半格结构 $(\mathcal{D},\leq_T,\vee)$ 是递归论研究的重点。我们也称它们为**整体度结构**（global degree structures）。注意到递归可枚举度

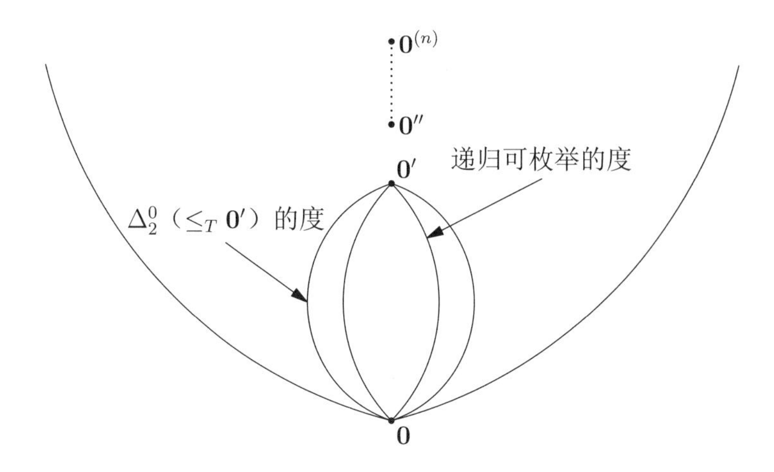

图 3.1　度结构示意图

$\mathcal{R}$ 对联算子 $\vee$ 封闭，因此，人们也非常关注偏序结构 $(\mathcal{R}, \leq_T)$ 和上半格结构 $(\mathcal{R}, \leq_T, \vee)$。它们是所谓**局部度结构**（local degree structures）中最有代表性的。今后我们会看到无论是 $\mathcal{D}$ 还是 $\mathcal{R}$ 都不具有格结构，即两个度的最大下界不一定存在。

接下来我们讨论跃迁算子（jump operator）。它可以说是递归论里最重要的概念之一，也是最自然的概念之一（甚至有人认为“之一”二字可以去掉）。首先我们把停机问题相对化。

定义 3.2.20 令 A 为自然数的集合。

(1) 我们称集合 $K^A = \{e : \Phi_e^A(e)\downarrow\}$ 为 A 的**跃迁**，记作 A'（读作“A 撇”或“A 一撇”）；

(2) 递归地定义 A 的 n-**次跃迁** $A^{(n)}$ 如下：$A^{(0)} = A$ 且 $A^{(n+1)} = (A^{(n)})'$。

当然也可以把停机问题的其他形式相对化。例如，定义

$$K_0^A = \{\langle x, y\rangle : \Phi_x^A(y)\downarrow\}。$$

同未经相对化的情形类似，我们也有 K^A 和 K_0^A 是递归同构的（参见习题3.33）。因此，选取哪一个作为 A 的跃迁的代表都可以。我们来看跃迁的基本性质。

定理 3.2.21（跃迁定理）

(1) A' 是 A-递归可枚举的；

(2) $A' \not\leq_T A$；

(3) B 是 A-递归可枚举的，当且仅当 $B \leq_1 A'$；

(4) $B \leq_T A$ 当且仅当 $B' \leq_1 A'$；

(5) 如果 $B \equiv_T A$，则 $B' \equiv_1 A'$（于是有 $B' \equiv_T A'$）。

证明 参见习题3.34。 □

集合的跃迁自然地诱导出图灵度上的跃迁：定义 $\mathbf{a}' = \deg(A')$，其中 A 是度 $\mathbf{a}$ 中的任一元素。跃迁定理的第 (5) 条告诉我们，跃迁算子 $\mathbf{a} \mapsto \mathbf{a}'$ 是良定义的。又据第 (2) 条和第 (1) 条，我们有 $\mathbf{a} < \mathbf{a}'$ 且 $\mathbf{a}'$ 是递归可枚举于 $\mathbf{a}$ 的。特别地，我们令 $\mathbf{0}^{(n)}$ 表示 $\emptyset^{(n)}$，则

$$\mathbf{0} < \mathbf{0}' < \mathbf{0}'' < \cdots < \mathbf{0}^{(n)} < \cdots$$

构成一个严格递增的度的序列。今后我们还会把 $\mathbf{0}^{(n)}$ 推广到 $\mathbf{0}^{(\alpha)}$ 上，其中 α 是递归序数。

注 3.2.22 每个图灵度都包含有 ω 个不同的集合，但自然数的子集有 2^ω 个，所以，我们共有 2^ω 个图灵度。每个集合只有可数多个集合图灵归约到它，所以，每个度只有可数多个度在它之下。全体递归可枚举的度都是 $\leq \mathbf{0}$ 的。

在第四章我们还会看到以下事实：在 $\mathbf{0}$ 与 $\mathbf{0}'$ 之间存在着不可比的度（定理4.1.1)，而且存在着不可比的递归可枚举度（定理4.2.1），这实际上是对波斯特问题的肯定回答。更进一步，$\mathbf{0}$ 与 $\mathbf{0}'$ 之间存在着递归可枚举度的下稠密链（定理4.3.3)。

图灵度序列最初几项的代表元有：

- $\mathbf{0} = \{B : B \text{ 递归 }\}$；
- $\mathbf{0}' = \deg(K) = \deg(K_0)$；
- $\mathbf{0}'' = \deg(\mathrm{Fin}) = \deg(\mathrm{Tot})$；
- $\mathbf{0}''' = \deg(\mathrm{Rec})$。

$\mathbf{0}$ 包含了所有递归集，包括 $\emptyset$ 和 $\mathbb{N}$，这是图灵度比 m-度更合理的地方。在文献中，常常用 $\emptyset$ 作为 $\mathbf{0}$ 的代表元。图3.1是度结构的一个简单示意图。

显然，$\mathbf{0}'$ 中包含 K，K_0。所以，$\overline{K} = \mathbb{N} \setminus K$ 也具有图灵度$\mathbf{0}'$。另外，不难证明，$K_1 = \{x \mid W_x \neq \emptyset\}$ 和 $\overline{K}_1 = \{x \mid W_x = \emptyset\}$ 也属于这个度。

根据定义，$\mathbf{0}''$ 是 $\emptyset''$ 的度，所以也是 K' 的度。实际上它也是 Tot 和 Fin 的度。

引理　3.2.23　$\mathbf{0}'' = \deg(\mathrm{Fin}) = \deg(\mathrm{Tot})$。

证明　参见习题3.35。 □

3.3　算术分层

我们在前面零星地提到过可计算性和可定义性的联系。本节我们对可定义性作稍微详细一点的讨论。我们假定读者熟悉《数理逻辑：证明及其限度》一书中关于一阶逻辑的内容。

首先，我们本节中谈论的可定义性都是指在标准算术模型

$$\mathcal{N} = (\mathbb{N}; 0, S, +, \times, <)$$

中的可定义性。更准确地说，我们的语言 $\mathcal{L}$ 是一阶算术的语言，即 $\mathcal{L} = (0, S, +, \times, <)$，其中 0 是常数符号，$S$ 是一个一元函数符号，$+$ 和 $\times$ 是二元函数符号，$<$ 是二元谓词符号，分别（想要）代表自然数 0、后继、加法和乘法，以及小于关系。当然我们默认 $\mathcal{L}$ 中也包含等词 $=$。

接下来我们把 $\mathcal{L}$-公式依照它们形式上的复杂性进行分类。

定义 3.3.1 我们称一个公式 φ **是 Σ_0^0 的**（或Π_0^0 **的**，如果 φ 中的所有量词都是有界量词。

假定 $n \geq 1$。我们称公式 φ **是 Σ_n^0 的**，如果 φ 等价于一个形如 $\exists y\psi$ 的公式，其中 ψ 是 Π_{n-1}^0 的；

我们称公式 φ **是 Π_n^0 的**，如果 φ 等价于一个形如 $\forall y\psi$ 的公式，其中 ψ 是 Σ_{n-1}^0 的；

我们称公式 φ **是 Δ_n^0 的**，如果 φ 既等价于一个形如 Σ_n^0 的公式，又等价于一个形如 Π_n^0 的公式。

注 3.3.2 我们对定义 3.3.1 作几点补充说明。

(1) 这里的上标 0 表示它是一阶算术中的公式。如果讨论二阶算术中的可定义性，就需要定义解析分层，那时会出现二阶的量词，也就有上标为 1 的情形。

(2) 由于本书中只讨论算术分层，从现在起到本章的结尾，我们省略掉 Σ_n^0 等中的上标 0。

(3) 定义中提到的等价可以认为是"相对于 PA 等价"，即：我们说两个 $\mathcal{L}$-公式 φ 和 ψ 等价，如果 $PA \vdash \varphi \leftrightarrow \psi$。

公式的形式复杂性自然诱导出可定义集合的复杂性。

定义 3.3.3 我们称一个集合 $B \subseteq \mathbb{N}$ 分别是 Σ_n 的、Π_n 的或 Δ_n 的，如果 B 具有一个 Σ_n、Π_n 或 Δ_n 的定义，即：

$$B = \{n \in \mathbb{N} : \mathcal{N} \models \varphi(n)\},$$

其中 φ 是 Σ_n、Π_n 或 Δ_n 的。

我们称一个集合 B 是**算术的**，如果存在某个自然数 n，使得 B 是 Σ_n 的。

对固定的集合 $A \subseteq \mathbb{N}$，通过在语言中添加一个新的一元谓词符号 $\dot{A}$，我们可以类似地定义 Σ_n^A、Π_n^A 和 Δ_n^A 的公式和集合。具体做法我们留给读者。

注意：只有可数多个算术的集合，所以，存在（不可数多个）非算术的自然数的子集。

3.3.1　算术分层的基本性质

由于我们只在标准自然数模型上讨论问题，今后不区分可定义集 A 与定义它的公式。

定理 3.3.4　令 A 和 B 为自然数的子集。

(1) A 是 Σ_n 的，当且仅当它的补集 $\overline{A}$ 是 Π_n 的。

(2) 如果 A 是 Σ_n 的或是 Π_n 的，则对所有的 $m > n$，A 都既是 Σ_m 的，也是 Π_m 的。

(3) 如果 A 和 B 都是 Σ_n 的（或都是 Π_n 的），则 $A \cup B$ 和 $A \cap B$ 都是 Σ_n 的（或都是 Π_n 的）。

(4) 如果 R 是一个 Σ_n 的关系且 $n > 0$，则集合 $A = \{x : (\exists y)R(x,y)\}$ 是 Σ_n 的。

(5) 如果 $B \leq_m A$，A 是 Σ_n 的且 $n > 0$，则 B 也是 Σ_n 的。

(6) 如果 R 是 Σ_n 的（或是 Π_n 的），则由下式定义的集合 A 和 B 也是 Σ_n 的（或是 Π_n 的）：

$$\begin{aligned}\langle x,y\rangle \in A &\Leftrightarrow (\forall z < y)R(x,y,z),\\ \langle x,y\rangle \in B &\Leftrightarrow (\exists z < y)R(x,y,z)。\end{aligned}$$

证明　我们只证明命题 (6)，而把其余的证明留给读者（参见习题3.37）。命题 (6) 说的是 Σ_n 和 Π_n 的集合对有界量词封闭。我们对 n 归纳。

当 $n = 0$ 时，依照 Σ_0 公式的定义，命题 (6) 成立。

假设命题 (6) 对 k 成立。令 R 为一个 Σ_{k+1} 的关系（Π_{k+1} 的情形是对称的，我们略去不证）。根据命题 (4)，$(\exists z < y)R(x,y,z)$ 仍是 Σ_{k+1} 的。

接下来我们证 A 是 Σ_{k+1} 的。因为 R 是 Σ_{k+1} 的，存在某个 Π_k 的 S，使得 $R = (\exists u)S$。于是，

$$\begin{aligned}\langle x,y\rangle \in A &\Leftrightarrow (\forall z < y)R(x,y,z)\\ &\Leftrightarrow (\forall z < y)(\exists u)S(x,y,z,u)\\ &\Leftrightarrow (\exists \sigma)(\forall z < y)S(x,y,z,\sigma(z)),\end{aligned}$$

其中 σ 是某个长度为 y 的有穷序列的编码。根据归纳假定，$(\forall z<y)S(x,y,z,\sigma(z))$ 是 Π_k 的，所以 A 是 Σ_{k+1} 的。 □

我们看一些算术集合的例子。

(1) $\mathrm{Fin}=\{e:W_e$ 是有穷的 $\}$ 是 Σ_2 的，因为 $e\in\mathrm{Fin}$，当且仅当

$$(\exists s)(\forall t)[t>s\to W_{e,t}=W_{e,s}]。$$

(2) Tot 是 Π_2 的，因为 Φ_e 是全函数，当且仅当

$$(\forall x)(\exists s)[\Phi_{e,s}(x)\downarrow]。$$

(3) $\mathrm{Cof}=\{e:\mathbb{N}\setminus W_e$ 是有穷的 $\}$ 是 Σ_3 的，因为 $e\in\mathrm{Cof}$，当且仅当

$$(\exists n)(\forall m)[m>n\to m\in W_e]。$$

3.3.2 分层定理

在3.1 节中，我们曾定义过 m-完全和 1-完全的概念（定义 3.1.5），并且证明了它们具有相同的外延。当时我们谈论的是递归可枚举集（即 Σ_1 集合）。我们现在把 m-完全的概念推广到 Σ_n 集合上去。

定义 3.3.5 我们称一个集合 A 是**Σ_n-完全的**，如果 A 是 Σ_n 的，且对任一 Σ_n 的集合 B 都有 $B\le_m A$。类似地，我们也定义**Π_n-完全集**。

注意：事实上我们可以用 $B\le_1 A$ 来取代 $B\le_m A$，所定义的集合类是同样的（参见习题3.39）。当 $n=1$ 时，Σ_1-完全就是 1-完全的。

可计算性和可定义性有着很深的联系。我们已经知道递归可枚举集就是用 Σ_1 公式可以定义的集合；同样，递归集就是 Δ_1 集。下面我们把它推广到更一般的情形。

定理 3.3.6（波斯特） 对每个自然数 $n\ge 0$，我们有

(1) 令 B 是自然数的子集。下述命题等价：

(a) B 是 Σ_{n+1} 的；

(b) B 递归可枚举于某个 Π_n 集；

(c) B 递归可枚举于某个 Σ_n 集。

(2) 当 $n > 0$ 时，$\emptyset^{(n)}$ 是 Σ_n 完全的。

(3) 一个集合 B 是 Σ_{n+1} 的，当且仅当 B 递归可枚举于 $\emptyset^{(n)}$。

(4) 一个集合 B 是 Δ_{n+1} 的，当且仅当 $B \leq_T \emptyset^{(n)}$，即 B 递归于 $\emptyset^{(n)}$。

顺带提一句，(4) 说明被一个 Σ_n 集合计算出的集合可以是 Δ_{n+1} 的，即被算的集合可以比信息源集合更复杂，尽管复杂得不太多。

证明　我们这里只证 (1)，其余的留给大家做练习（参见习题3.40）。

(a) $\Rightarrow$ (b)：假设 $B = \{x : (\exists y)R(x, y)\}$，其中 R 是一个 Π_n 的关系，则 B 是 Σ_1 于 R 的，所以也是递归可枚举于 R 的。

(b) $\Rightarrow$ (a)：假设 B 递归可枚举于某个 Π_n 集 C，则存在自然数 e，使得 $B = W_e^C$。于是，

$$x \in B \Leftrightarrow (\exists s)(\exists \sigma)[\sigma \subset C \wedge x \in W_{e,s}^{\sigma}]。$$

注意：$\sigma \subset C$ 是 Σ_{n+1} 的（事实上是 Δ_{n+1} 的），且 $x \in W_{e,s}^{\sigma}$ 递归的，我们立得 B 是 Σ_{n+1} 的。

跃迁定理（定理 3.2.21）(4) 告诉我们“(b) $\Leftrightarrow$ (c)”。 □

下述定理告诉我们算术分层不会坍塌，即对不同的 n 和 m，第 n 层（无论是指 Σ_n，还是 Π_n 或 Δ_n）与第 m 层都不重合，参见图3.2。

定理 3.3.7（分层定理）　对任一 $n > 0$，$\{\Delta_n$ 集合 $\} \subsetneq \{\Sigma_n$ 集合 $\}$，且 $\{\Delta_n$ 集合 $\} \subsetneq \{\Pi_n$ 集合 $\}$。

证明　$\emptyset^{(n)}$ 就是 Σ_n 而非 Π_n 的集合，且 $\overline{\emptyset^{(n)}}$ 就是 Π_n 而非 Σ_n 的集合。 □

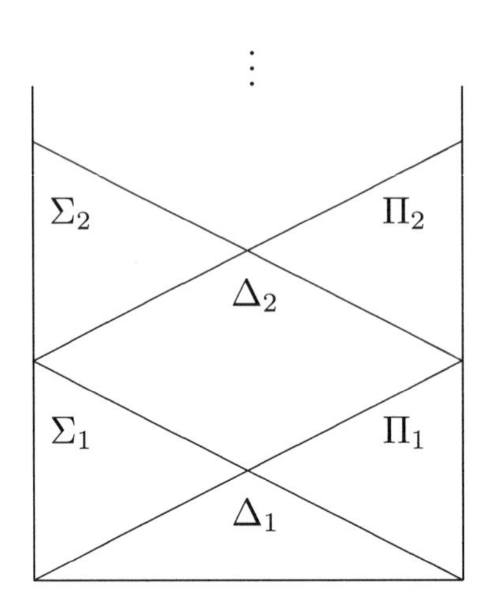

图 3.2　算术分层

3.3.3　极限引理

下述引理一部分是定理 3.3.6 的特例，另一部分则给出了 Δ_2 集合的另一个刻画，即 Δ_2 集合都是可以用递归方法逼近的。这一刻画在递归论和计算复杂性理论中都会经常用到。事实上，即使 Δ_n 的集合也可以用极限来逼近，只不过要用 $n-1$ 重极限来完成。

定理 3.3.8（肖恩菲尔德极限引理）　令 B 是自然数的一个子集。下述命题等价：

(1) B 是 Δ_2 的；

(2) $B \leq_T K$；

(3) 存在二元递归（全）函数 $f(x,s)$，使得对任一自然数 x，都有

$$\chi_B(x) = \lim_{s\to\infty} f(x,s)。$$

虽然 (1) 与 (2) 等价是定理3.3.6(4) 的特殊情形，我们还是打算给出一个新的证明，目的是对后面构造经常用到的“一个问题递归于停机问题”做铺垫。

直观上说就是“停机问题 K 能回答所有 Σ_1（因而所有 Π_1）的问题”。在递归论的构造中，这类拟人的说法是很常用的，好像信息源是某个能给我们答案的“神”。例如，我们会说，“我们问 K，图灵机 M 对输入 n 是否会停机？如果是，就怎样怎样；否则，怎样怎样”。这种拟人说法的根据就是下面的引理。

首先我们要用数学语言陈述该事实。

记法 3.3.9　固定一个所有 Δ_0 公式的枚举 $\{\theta_e(s) : e \in \mathbb{N}\}$，其中 s 是唯一的自由变元；也固定所有 Σ_1 语句的枚举 $\{\sigma_e : e \in \mathbb{N}\}$，其中 σ_e 具有形式 $\exists s\theta_e(s)$。

引理　3.3.10　集合 $\{e \in \mathbb{N} : \mathcal{N} \models \sigma_e\} \leq_m K$，即：*存在一个递归函数 $t(e)$，使得对任意 Σ_1 语句 σ_e，$\mathcal{N} \models \sigma_e$ 当且仅当 $t(e) \in K$。*

证明　根据 s-m-n 定理，存在一个递归函数 $t(e)$，使得

$$\Phi_{t(e)}(x) = \begin{cases} 1, & \text{若 } \exists s\theta_e(s); \\ \uparrow, & \text{否则。} \end{cases}$$

注意到区分情形的条件与 x 无关，$\Phi_{t(e)}$ 或者是常数函数 1 或者是空函数，取决于 σ_e 是否成立。所以，$\mathcal{N} \models \sigma_e$ 当且仅当 $t(e) \in K$。　□

肖恩菲尔德极限引理 的证明　“(1) $\Rightarrow$ (2)”：假设 B 是 Δ_2 的，则 B 和 $\overline{B}$ 都是 Σ_2 的。假设 $B = \{x : \mathcal{N} \models \exists u\forall v\theta(x, u, v)\}$，其中 θ 是 Δ_0 的。作为以 x 和 u 为自由变元的公式 $\forall v\theta(x, u, v)$ 是 Π_1 的，所以，它等价于某个 Σ_1 公式 $\sigma_e(x, u)$ 的否定。根据引理 3.3.10，集合 $\{(x, u) : \mathcal{N} \models \sigma_e(x, u)\} \leq_m K$，因此它图灵归约于 K，它的补集 $\{(x, u) : \mathcal{N} \models \forall v\theta(x, u, v)\} \leq_T K$，因而是 K-递归的。所以 B 是 Σ_1 于 K 的。同理，$\overline{B}$ 也是 Σ_1 于 K 的，所以 B 是递归于 K 的。

“(2) ⇒ (3)”：假设 $B = \Phi_e^K$。定义二元函数

$$f(x,s) = \begin{cases} \Phi_{e,s}^{K_s}(x), & \text{若 } \Phi_{e,s}^{K_s}(x) \text{ 有定义；} \\ 0, & \text{否则。} \end{cases}$$

很容易看出 f 是递归全函数，且满足我们的要求。

“(3) ⇒ (1)”：假设 B 有一个满足条件 (3) 的递归逼近 f，则

$$\begin{aligned} x \in B &\Leftrightarrow \exists s \forall t\, [t > s \to f(x,t) = 1], \\ x \notin B &\Leftrightarrow \exists s \forall t\, [t > s \to f(x,t) = 0]。 \end{aligned}$$

所以 B 是 Δ_2 的。 □

3.3.4 Σ_n-完全集的例子 $(n = 2, 3)$

我们先看 Σ_2-完全和 Π_2-完全集的例子。

定理 3.3.11 Fin 是 Σ_2-完全的，Tot 是 Π_2-完全的。

证明 我们知道 Fin 是 Σ_2 的，而 Tot 是 Π_2 的（见116页的例子）。给定任一 Π_2 集合 $A = \{x : (\forall y)(\exists z)R(x,y,z)\}$，我们来证明 $\overline{A} \leq_1$ Fin 并且 $A \leq_1$ Tot。

根据 s-m-n 定理，存在递归单射 f，使得

$$\Phi_{f(x)}(u) = \begin{cases} 0, & \text{若 } (\forall y \leq u)(\exists z)R(x,y,z); \\ \uparrow, & \text{否则。} \end{cases}$$

不难验证 f 见证了 $\overline{A} \leq_1$ Fin，也见证了 $A \leq_1$ Tot。 □

注意：同一个 f 也见证了 Inf $= \{e : W_e$ 是无穷的 $\}$ 是 Π_2-完全的。

接下来我们要证明 Cof是 Σ_3 完全的，而这需要用到“动态构造”。我们先利用一个定理来说明这种构造方法。这个定理也有自身的意义：它说明存在一个单集是图灵完全的，所以，虽然单集的 m 度是一个中间的 m-度，但它的图灵度不一定是中间的图灵度。

为了对动态的构造有一幅更清晰的图像,我们常常用所谓的“浮标”(movable markers) 来给出构造的直观解释。

回忆一下，我们构造递归可枚举集 B 的方法通常是一步步地枚举它。令 B_s 表示在第 s 步已经枚举进 B 的元素的集合，我们最终有 $B=\bigcup B_s$。我们把第 s 步时尚未枚举进 B 的元素按大小顺序列出来：$b_0^s < b_1^s < \cdots$，注意：这里 b_n^s 是 B_s 的补集 $\overline{B}_s$ 中的元素。现在想象在每个 b_n^s 上放一个标记 Γ_n。标记 Γ_n 随着 B 的枚举而浮动。每当我们枚举进 B 一个元素，例如，我们在第 $s+1$ 步把 b_3^s 枚举进 B 了，想象中 b_3^s 沉下去了，而对 $n\geq 3$，标记 Γ_n 就向右移到了 b_{n+1}^s 的位置，而对 $n<3$ 标记 Γ_n 则保持原位不动。把标记 Γ_n 和它当下的位置 b_n^s 分开是必要的，因为 b_n^s 是一个自然数（如 17)，我们如果说“把 b_n^s 右移”就和说“把 17 右移”一样是不合适的。当然，我们完全可以不提浮标而说 $b_n^{s+1}=b_{n+1}^s$（$n\geq 3$），只不过把标记一步步向右推的图像更直观一些。

定义 3.3.12 假定 $A=\{a_0<a_1<a_2<\cdots\}$ 是一个无穷集，我们称函数 $p_A: n\mapsto a_n$ 为 A 的**主函数** (principal function)。

我们称一个全函数 f **控制** 函数 g（g 可以是部分函数)，如果存在某个自然数 k，使得对所有 $x\geq k$，若 $g(x)$ 有定义则 $g(x)<f(x)$。

定理 3.3.13 存在递归可枚举集 B，使得它的补集 $\overline{B}$ 的主函数控制所有的部分递归函数。

数学里让一个函数 f 来控制一族函数 Φ_e 的典型做法是：让 $f(0)>\Phi_0(0)$，让 $f(1)>\Phi_0(1)$ 和 $\Phi_1(1)$，等等。一般地，让

$$f(n)>\Phi_0(n),\Phi_1(n),\cdots,\Phi_n(n)。$$

这样，对任意 $k\geq e$，都有 $f(k)>\Phi_e(k)$，从而 f 控制了 Φ_e。

不过，我们面对的 Φ_e 可能是部分函数，对给定的 k，我们不能直接算出 $\Phi_e(k)$ 的值，而只能一步步地看 $\Phi_{e,s}(k)$ 是否有定义。因此，我们也让 $f(k)$ 的值随着 $\Phi_{e,s}(k)$（$e\leq k$）的值增长。沿用前面浮标的语言，浮标 Γ_k 在第 s 步时放在 b_k^s 上。我们要做的就是把浮标 Γ_k 放到比所有 $\Phi_e(k)\downarrow(e\leq k)$ 大的某个数上。例如，在看到 $\Phi_0(0)$ 有定义之前，Γ_0 一直放在 0 上；一旦 $\Phi_0(0)$

（在第 s 步）有定义了，我们就把浮标 Γ_0 移到某个大于 $\Phi_0(0)$ 的数上。具体做法就是：把所有小于 $\Phi_0(0)$ 的 $\overline{B}_s$ 中的数 $\{b_0^s, \ldots b_i^s\}$ 全部枚举进 B，从而 Γ_0 落在 b_{i+1}^s 上。因为我们只需要让 $\Gamma_0 > \Phi_0(0)$，以后再也不用动 Γ_0 了。注意：让每个 Γ_k 最终不动是必需的。如果某个 Γ_k "飘"到无穷的话，就说明 b_k 没有最终位置，$\overline{B}$ 会是一个至多有 k 个元素的有穷集，它的主函数不是全函数。

证明 我们给出一步步的递归构造。

第 0 步：$B_s = \emptyset$，对所有的 k，$b_k^0 = k$，Γ_k 在自然数 k 上，参见图3.3。

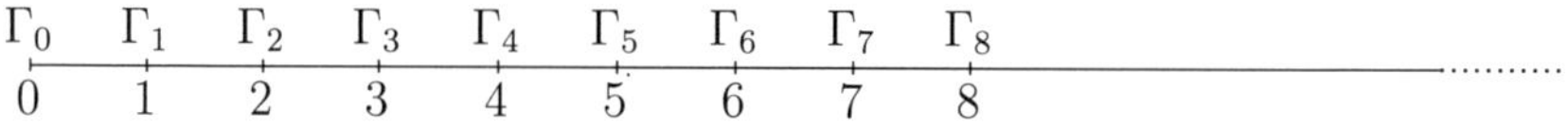

Γ_0 Γ_1 Γ_2 Γ_3 Γ_4 Γ_5 Γ_6 Γ_7 Γ_8 ⋯⋯

0 1 2 3 4 5 6 7 8

图 3.3 Γ_k 的最初位置是在自然数 k 上

第 $s+1$ 步：假定已经构造了 B_s，$\overline{B}_s = \{b_0^s < b_1^s < \cdots\}$，此时 Γ_k 位于 b_k^s 上，参见图 3.4。

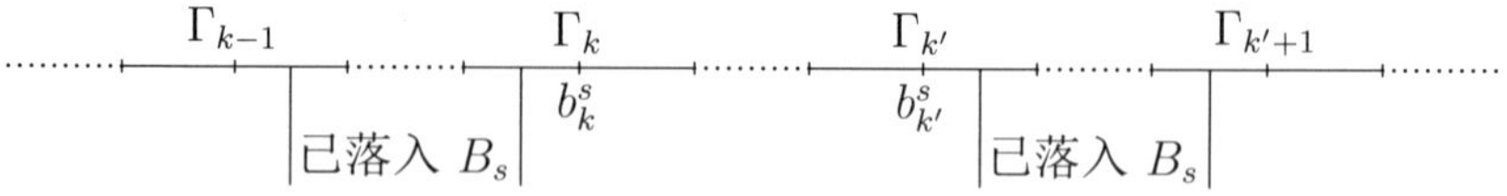

Γ_{k-1} Γ_k $\Gamma_{k'}$ $\Gamma_{k'+1}$

b_k^s $b_{k'}^s$

已落入 B_s 已落入 B_s

图 3.4 浮标 Γ_k 在 b_k^s 上

我们关注 $k = k_s \leq s$[①]，检查是否有 $\Phi_{e,s+1}(k)$（$e \leq k$）有新定义，并且大于 b_k^s。如果有，则找到最小的 k'，使得 $b_{k'}^s > \max\{\Phi_{e,s+1}(k) : e \leq k\}$。将 $b_k^s, \cdots, b_{k'-1}^s$ 枚举进 B。同时，将 Γ_k 右移到 $\Gamma_{k'}^s$ 上，也就是 b_k^{s+1} 上，其后的图标也相应右移，参见图3.5。完成后进入下一步。如果没有满足条件的新定义，直接进入下一步。构造完毕。

① $s \mapsto k_s$ 可以是任意递归函数，满足 $k_s \leq s$，且对任意 k 存在无穷多 s，使得 $k = k_s$。

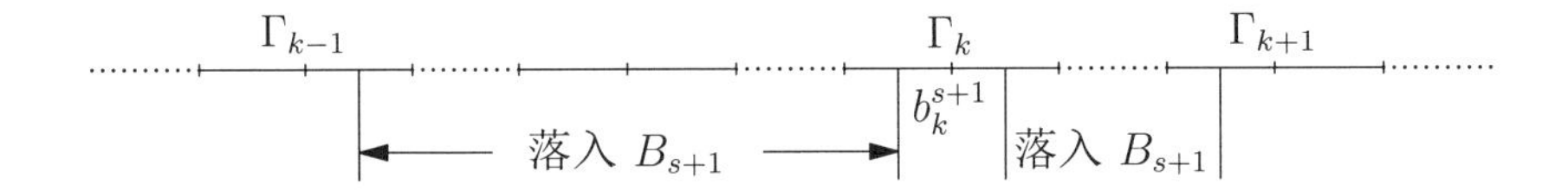

图 3.5　浮标 Γ_k 从 b_k^s 移到了 $b_{k'}^s$，其后的浮标也相应右移

根据构造，每个 Γ_k 最多移动 $(k+2)\cdot(k+1)/2$ 次，$\overline{B}$ 是无穷的，且它的主函数在 k 点的值即是 Γ_k 的最终位置，大于 $\max\{\Phi_e(k)\downarrow : e \leq k\}$。所以它控制所有的部分递归函数。 □

引理 3.3.14　如果 A 的主函数控制了所有部分递归函数，则 $K \leq_T A$，从而 A 是图灵完全的。

证明　首先观察如下事实：令 $\{A_s\}$（$s \in \mathbb{N}$）为递归可枚举集 A 的一个递归枚举。如果一个全函数 f 控制了函数

$$k_A(x) = \begin{cases} (\mu s)[x \in A_s], & \text{若 } x \in A; \\ \uparrow, & \text{否则,} \end{cases}$$

则 $A \leq_T f$。

我们接下来证明这一点。假定存在自然数 a，对所有的 $x \geq a$，$f(x) \geq$（有定义的）$k_A(x)$。用 a 和 $A \upharpoonright a$ 作参数，考虑"x 是否属于 A"的问题。如果 $x < a$，则检验 $A \upharpoonright a$，这是有穷的集合，所以是递归可判定的；如果 $x \geq a$，则利用信息源 f，计算出 $f(x)$，则 $x \in A$ 当且仅当 $x \in A_{f(x)}$。因此，$A \leq_T f$。

所以，如果 A 的主函数 f 控制所有的部分递归函数，则显然有 f 控制函数 $k_K(x)$，由以上论证，$K \leq_T f$，所以 $K \leq_T A$。 □

我们知道波斯特构造的单集 A 满足 $\mathbf{0}_m < \deg_m(A) < \mathbf{0}'_m$。一个自然的问题是单集的图灵度是否也是"中间度"呢？如果我们能构造出图灵完全的单集，说明它不是，因此，依赖单集并不能构造中间的图灵度。事实上，可以证明波斯特构造的单集 A（即按 3.1.4 节中的方法得到的集合）自动是图灵完全的，但论证要巧一点。

利用以上结果，我们可以很容易把定理3.3.13 的证明改造成一个图灵完全的单集的构造。

定理 3.3.15 存在一个单集 A，使得它补集 $\overline{A}$ 的主函数控制所有的部分递归函数，从而 A 是图灵完全的。

证明 参见习题3.41。 □

最后我们给出 Σ_3-完全集的例子。

定理 3.3.16 Cof 是 Σ_3-完全的。

证明的想法是这样的：给定一个 Σ_3 的集合 $A = \{x : \exists y R(x, y)\}$，其中 $R(x, y)$ 是 Π_2 的。我们知道 Inf 是 Π_2-完全的，所以，存在一个递归函数 $g(x, y)$，使得

$$R(x, y) \text{ 当且仅当 } W_{g(x,y)} \text{ 是无穷的。}$$

我们下面给出一个能行的程序，它能够统一地从给定的 x 产生出一个递归可枚举集 B^x，使得

$$\exists y W_{g(x,y)} \text{ 是无穷的当且仅当 } B^x \text{ 是余有穷的。}$$

因为 B^x 是递归可枚举的，利用 s-m-n 定理，我们可以定义一个递归全函数 f，使得 $W_{f(x)} = B^x$。f 就见证了我们所需要的归约。

固定 x，我们从 x 产生 B^x 的程序直观上是这样的：想象我们把浮标 Γ_n 放在了 $\overline{B^x_s}$ 的第 n 个元素上。每当一个新元素枚举到 $W_{g(x,y)}$ 中时，我们就把浮标 Γ_n 向右移一个位置。如果 $W_{g(x,y)}$ 是无穷的，则 Γ_n 就会“飘”到无穷远，所以 $\overline{W}_{f(x)}$ 就是有穷的。

证明 给定一个 Σ_3 的集合 $A = \{x : \exists y R(x, y)\}$，其中 $R(x, y)$ 是 Π_2 的。令 $g(x, y)$ 为满足

$$R(x, y) \text{ 当且仅当 } W_{g(x,y)} \text{ 是无穷的}$$

的递归函数。我们统一地定义枚举 $W_{f(x)}$，目标是令 $x \in A$ 当且仅当 $W_{f(x)}$ 是余有穷的。令 $W_{f(x),s}$ 表示在第 s 步完成后 $W_{f(x)}$ 中包含的元素。

第 0 步：令 $W_{f(x),0}=\emptyset$。

第 $s+1$ 步：给定 $W_{f(x),s}$。假设 $\overline{W}_{f(x),s}=\{b^s_{x,0}<\cdots<b^s_{x,y}<\cdots\}$。（图像：浮标 $\Gamma_{x,y}$ 放在 $b^s_{x,y}$ 上。注意：对每一个 x，我们都有一套浮标 $\Gamma_{x,y}$，$y=0,1,2,\cdots$。）对每一个 $y\leq s$，如果 $W_{g(x,y),s}\neq W_{g(x,y),s+1}$，则将 $b^s_{x,y}$ 枚举进 $W_{f(x),s+1}$。（图像：x 套中下标大于等于 y 的浮标向右移一个位置。）如果不存在这样的 y，则 $W_{f(x),s+1}=W_{f(x),s}$。（图像：x 套中的所有浮标不动。）构造完毕。

最后，我们验证 f 见证了 $A\leq_m \mathrm{Cof}$。如果 $x\in A$，则存在 y，$W_{g(x,y)}$ 是无穷的。根据构造，$\lim_s b^s_{x,y}=\infty$（即 x 套中第 y 个浮标 $\Gamma_{x,y}$ "飘"到无穷）。所以 $\overline{W}_{f(x)}$ 是有穷的。如果 $x\notin A$，则每个 $W_{g(x,y)}$ 都是有穷的。根据构造，$\lim_s b^s_{x,y}<\infty$（即 x 套中第 y 个浮标 $\Gamma_{x,y}$ 有最终位置）。所以 $\overline{W}_{f(x)}$ 是无穷的。 □

3.4　习题

3.1 节习题

3.1　证明引理 3.1.3。

3.2　证明 K 和 $\overline{K}$ 在 m-归约下是互不可比的。

3.3　$K_0=\{\langle x,y\rangle : x\in W_y\}$ 是 1-完全的。

3.4　验证引理 3.1.6中的函数 g 见证了 $K_0\leq_1 K$。

3.5　如果 A 是一个递归集且集合 B 和 $\overline{B}$ 都非空，则 $A\leq_m B$。（所以，如果除掉空集 $\emptyset$ 和全集 $\mathbb{N}$ 这两个平凡的集合，则存在最小的 m-度。）

3.6　给出定理3.1.9的完整证明。

3.7　验证定理3.1.10证明中的函数 H 是 A 到 B 的同构。

3.8　如果我们想定义"2 对 1"归约，会出什么问题呢?

3.9　证明集合 $\{x : |W_x|>x\}$ 是多一完全的。

3.10 证明：

$$\{x : |W_x| = 0 \vee |W_x| = 2 \vee |W_x| = 4 \vee |W_x| = 6 \vee |W_x| = 8\}$$
$$\leq_m$$
$$\{x : |W_x| = 1 \vee |W_x| = 3 \vee |W_x| = 5 \vee |W_x| = 7 \vee |W_x| = 9\},$$

即：构造由第一个集合到第二个集合的多一归约。是否存在相反方向的多一归约呢？给出理由，但无需完整的证明。

3.11 定义集合 A 可以**真值表归约**（或者简称作 tt-归约）到集合 B，记作 $A \leq_{tt} B$。如果存在递归函数 f 和 g，满足对任意 x，$g(x)$ 是某个有穷序列 $\langle s_1, \ldots, s_n \rangle$ 的哥德尔数，每个 s_i（$1 \leq i \leq n$）都是某个长度为 $f(x)$ 的有穷 0-1 序列的哥德尔数，且 $x \in A$ 当且仅当 $B \upharpoonright f(x)$ 的哥德尔数是某个 s_i。

简述真值表归约何以得其名，并证明：如果 $A \leq_m B$，那么 $A \leq_{tt} B$。

3.12 证明以下集合是产生集：

(1) $\{x \mid W_x$ 是有穷的$\}$；

(2) $\{x \mid \Phi_x$ 不是全函数$\}$；

(3) $\{x \mid \Phi_x$ 是单射$\}$；

(4) $\{x \mid \Phi_x$ 不是多项式函数$\}$。

3.13 证明以下集合是创造集：

(1) $\{x \mid x \in E_x\}$，其中 E_x 表示 Φ_x 的值域；

(2) $\{x \mid E_x^{(n)} \neq \emptyset\}$（$n$ 是固定的），其中 $E_x^{(n)}$ 表示 n-元函数 Φ_x 的值域；

(3) $\{x \mid \Phi_x$ 不是单射$\}$；

(4) $\{x \mid \Phi_x(x) \in A\}$，其中 A 是任意的非空递归可枚举集；

(5) $\{x \mid \Phi_x(x) = f(x)\}$，其中 f 递归全函数。

3.14　证明：如果 B 是递归可枚举的，而 $A \cap B$ 是产生集，则 A 是产生集。

3.15　证明：如果 C 是创造集，而 A 是递归可枚举的，并且 $A \cap C = \emptyset$，则 $A \cup C$ 是创造集。

3.16　证明：每个产生集包含一个无穷的递归子集。

3.17　假设 $B \neq \emptyset$。

(1) 如果 B 是递归可枚举的，则 A 是创造集蕴涵 $A \oplus B$ 是创造集；

(2) 如果 B 是递归的，则 $A \oplus B$ 是创造集蕴涵 A 是创造集。

3.18　令 $\mathcal{F}$ 为一集一元递归函数的集合，并且对任意 $f \in \mathcal{F}$ ，如果 $g \subset f$ 是有穷的，则 $g \notin \mathcal{F}$。证明：$\{x \mid \Phi_x \in \mathcal{F}\}$ 是产生集。

3.19　利用习题3.18的结果证明以下集合是产生集：

(1) $\{x \mid \Phi_x$ 是全函数$\}$；

(2) $\{x \mid \Phi_x$ 是多项式函数$\}$。

3.20　称两个不相交的递归可枚举集 A, B 是**能行递归不可分的**，如果存在部分递归函数 $\psi(x,y)$，使得对任意 x, y，如果 $A \subseteq W_x$ 且 $B \subseteq W_y$ 且 $W_x \cap W_y = \emptyset$，则 $\psi(x,y)\downarrow$ 并且 $\psi(x,y) \notin W_x \cup W_y$。

(1) 利用引理3.1.16的证明方法证明：我们事实上可以假定 $\psi(x,y)$ 是一一的递归全函数。

(2) 令 $A = \{x \mid \Phi_x(x) = 0\}$，$B = \{x \mid \Phi_x(x) = 1\}$ 是能行递归不可分的。【提示：利用 (1)，定义递归全函数 $f(x,y)$ 为

$$\Phi_{f(x,y)}(z) = \begin{cases} 1, & \text{如果 } z \in W_x; \\ 0, & \text{如果 } z \in W_y; \\ \uparrow, & \text{否则}, \end{cases}$$

其中 $W_x \cap W_y = \emptyset$。】

3.21 假设 A, B 是能行递归不可分的，证明：

(1) 如果 B 是递归可枚举的，则 $\overline{A}$ 是产生集；

(2) 如果 A, B 都是递归可枚举的，则它们都是创造集。

3.22 假设 A, B 是单集，则 $A \oplus B$ 是单集。

3.23 证明：如果 A 是单集，则 $A \otimes \mathbb{N} = \{\pi(x, y) \mid x \in A \wedge y \in \mathbb{N}\}$ 是递归可枚举的，但不是递归的，不是创造集，也不是单集。其中 $\pi(x, y)$ 是哥德尔配对函数。

3.24 证明：如果 AB 是单集，则 $A \otimes B$ 不是单集，但 $\overline{\overline{A} \otimes \overline{B}}$ 是单集。

3.2 节习题

3.25 证明定理3.2.10。

3.26 证明使用原理3.2.11。

3.27 证明：如果 $B \leq_m A$，则 $B \leq_T A$。

3.28 证明：$A \leq_{tt} B$ 当且仅当存在 e，对任意集合 X，Φ_e^X 是全函数，并且 $\chi_A = \Phi_e^B$。因此，$A \leq_{tt} B$ 蕴涵 $A \leq_T B$。

3.29 定义集合 A 可以**弱真值表归约**（或者简称作 wtt-归约）到集合 B，记作 $A \leq_{wtt} B$。如果存在 e 和递归函数 b，使得 $\chi_A = \Phi_e^B$，并且对任意 x，$u(B, e, x) \leq b(x)$。直观上，弱真值表归约在图灵归约的基础上添加了对使用函数的上界的要求，因此，弱真值表归约又被称作**有界图灵归约**。

证明：$A \leq_{tt} B$ 蕴涵 $A \leq_{wtt} B$，而 $A \leq_{wtt} B$ 蕴涵 $A \leq_T B$。

3.30 证明定理3.2.15。

3.31 证明定理3.2.14。

3.32 证明：度上的 $\leq_T$ 关系和算子 $\vee$ 是良定义的，并且 $\leq$ 是偏序，$(\mathcal{D}, \leq_T, \vee)$ 是上半格。

3.33　证明：对任意 A，K^A 和 K_0^A 是递归同构的。

3.34　证明跃迁定理3.2.21。

3.35　证明引理3.2.23。

3.36　假设 A 是一个非空集合，请写一个以 A 为信息源的图灵机 M，它的输出为 A 的最小元。(不妨假设 M 从一个空白的的工作纸带开始。)

3.3 节习题

3.37　证明定理3.3.4的 (1) 到 (5)。

3.38　证明：依照定义3.3.3定义的 Σ_1 集合恰恰就是递归可枚举集。因此，这样定义的 Σ_1 集合与定义1.6.9所定义的 Σ_1 集合是一样的。

3.39　一个 Σ_n 集合 A 是 Σ_n-完全的，当且仅当对所有 Σ_n 集合 B，都有 $B \leq_1 A$。

3.40　证明定理3.3.6的剩余部分。

3.41　证明定理3.3.15。

3.42　假设 $\emptyset'' \leq_T A'$。证明存在函数 $f \leq_T A$ 控制所有递归函数。
【提示：定义 $f(x) = \max\left\{\Phi_{e,s}(x)+1 \,\middle|\, e \leq x \text{ 且 } \Phi_{e,s}(x)\downarrow\right\}$。】

3.43　如果存在自然数的集合 A 使得 $B = A \oplus \overline{A}$，则 $B \leq_1 \overline{B}$。

3.44　证明：

(1) $A \leq_m A \oplus B$ 且 $B \leq_m A \oplus B$。

(2) 如果 $A \leq_m C$ 且 $B \leq_m C$，则 $A \oplus B \leq_m C$。

(3) 如果 $A \equiv_m C$ 且 $B \equiv_m D$，则 $A \oplus B \equiv_m C \oplus D$。

(4) 如果 A 和 B 都是递归可枚举的，则 $A \oplus B$ 也是。

3.45　证明：$K \equiv_1 K_0 \equiv_1 K_1$。

3.46 对任意 x，$\overline{K} \leq_1 \{y \mid \Phi_x = \Phi_y\}$。【提示：分 W_x 有穷和 W_x 无穷两种情况。】

3.47 令 Ext=$\{x \mid \Phi_x$可扩张为一个递归全函数$\}$，证明 Ext$\neq \omega$。所以，不是每个部分递归函数都可扩张为一个全函数。

3.48 两个不相交的集合被称为**递归不可分的**，如果不存在递归集 C 使得 $A \subseteq C$ 并且 $B \subseteq \overline{C}$。

(1) 证明：存在递归不可分的集合 A, B。【提示：定义 $A = \{x \mid \Phi_x(x) = 0\}$，$B = \{x \mid \Phi_x(x) =\}$。】

(2) 由此给出 Ext$\neq \omega$ 的另一个证明。

(3) 证明：对 (1) 中提示的 A, B，$A \equiv_1 K$ 并且 $B \equiv_1 K$。

3.49 称一个集合为**柱集**（cylinder），如果对任意 B，$B \leq_m A$ 蕴涵 $B \leq_1 A$。

(1) 证明：任意指标集都是柱集。

(2) 证明：对任意集合 A，$A \times \mathbb{N}$ 都是柱集。

(3) 证明：对任意集合 A，A 是柱集当且仅当存在 B，$A \equiv_1 B \times \mathbb{N}$。很多书上使用柱集的这个定义，似乎更为直观。

(4) 证明：对任意集合 A，A 是柱集当且仅当存在递归函数 f 满足：对任意 x，

- $W_{f(x)}$ 是无穷的；
- $x \in A \to W_{f(x)} \subseteq A$；
- $x \in \overline{A} \to W_{f(x)} \subseteq \overline{A}$。

3.50 我们定义一个集合 B 是 ω-**递归可枚举**的，如果存在二元递归全函数 $f(x, s)$ 和一元递归全函数 $b(x)$，使得对任一自然数 x，都有

$$\chi_B(x) = \lim_{s\to\infty} f(x, s),$$

并且集合 $\{s \in \mathbb{N} \mid f(x,s) \neq f(x,s+1)\}$ 元素的个数不超过 $b(x)$。

证明：B 是 ω-递归可枚举的当且仅当 $B \leq_{wtt} K$，当且仅当 $B \leq_{tt} K$。

【提示：要证 B 是 ω-递归可枚举的蕴涵 $B \leq_{tt} K$，为了确定 x 是否属于 B，我们只需要问 K，对任意 $i < b(x)$，是否存在 $s_0 < \cdots < s_i$，使得 $f(x,s_j) \neq f(x,s_{j+1})$（$j \leq i$）。$x \in B$ 当且仅当出现奇数次变化。】

第四章　典型构造

在递归论发展的初期，所有的不可判定问题都“强于”停机问题。这一点我们在前面几章中也已经看到了。这就自然地引出了所谓**波斯特问题**：

是否存在非递归但又不完全的递归可枚举（的图灵）度?

在讨论单集的性质时，我们提到它是一个“中间”的 m-度。对中间度的兴趣实际上源于波斯特问题，事实上，这也是波斯特引入单集概念的初衷。但我们知道单集可以是图灵完全的，于是波斯特又试图改进单集的概念来解决他的问题。为此他引入了超单集和超超单集的概念，它们都是某种强归约下的中间度。尽管这些集合本身都很有意思，但不幸的是，它们也都可以是图灵完全的，所以不能解决波斯特问题。波斯特本人的最终成果是克林尼-波斯特定理，而问题的最终解决是由弗里德伯格和穆奇尼克分别独立完成的，称为“弗里德伯格-穆奇尼克定理”。这两个定理是“算术中的力迫法”和“优先方法”的典型例子。本章的主要内容就是通过证明这两个定理来介绍这两种证明方法。

在递归论的发展史上，波斯特问题可以算是最有影响的问题之一。直到现在，人们仍在寻找所谓“自然的”波斯特问题的解。著名的萨克斯问题问的就是：“有没有度不变（degree invariant）的波斯特问题的解?”这一问题仍然悬而未决。

4.1　尾节扩张与克林尼-波斯特定理

虽然回答波斯特问题仅仅需要找到一个（中间）度，但构造两个互不可比的度反而会让解答的表述更简单一些。这是因为如果构造一个中间度的话，让它非递归和让它不完全是两个不同性质的需求（对递归论构造有些经验的读者可以考虑一下怎样让一个度不完全），而利用对称性，互不可比可以用形式上相近的需求来表达。当然无论是构造一个还是一对集合，背后的困难实质上是一样的。

定理 4.1.1（克林尼-波斯特） *存在两个互不归约且小于等于* $\mathbf{0}'$ *的图灵度* $\mathbf{a}$ *和* $\mathbf{b}$。

它的证明方法当时被称作“尾节延伸法”或“尾节扩张法”（end-extension method）。后来人们意识到它是力迫法的一个简单形式。由于它仅仅要求与某些特殊的一阶算术可定义的稠密集相交，人们称它为“算术中的力迫法”。该方法是递归论中最重要的方法之一。但由于力迫法产生的集合基本上都不是递归可枚举的，因此多用于整体的图灵度构造，或起码是 Δ^0_2-度的构造。根据极限引理，克林尼-波斯特定理表明存在 Δ^0_2 的中间度，距离 Σ^0_1（即递归可枚举）的中间度还有一步之遥。

我们需要构造两个集合 A 和 B 作为度 $\mathbf{a}$ 和 $\mathbf{b}$ 的代表，依然采用“需求-策略-构造-验证”的套路。

先说需求：我们希望 A 和 B 递归于 K，并且 $A \not\leq_T B$ 和 $B \not\leq_T A$。取定一个带信息源的图灵机的能行枚举 $\Phi^X_0, \Phi^X_1, \ldots$，其中 X 仅起占位作用，表示所枚举的机器是带信息源的。我们可以将 $B \not\leq_T A$ 和 $A \not\leq_T B$ 分别改写为以下（无穷多条）需求：

- R_{2e}: $\Phi^A_e \neq B$;
- R_{2e+1}: $\Phi^B_e \neq A$。

在讲肖恩菲尔德极限引理（特别是引理 3.3.10）时，我们解释了诸如“我们可以询问信息源 K，让它来回答 Σ^0_1 或 Π^0_1 的问题”这类非数学语句的含义。集合 A 和 B 递归于 K 的部分将会在下面体现出来。

大致说来，所谓尾节延伸法是这样的：我们将给出一个程序，它“逐节地”给出集合 A 和 B 的特征函数并且满足我们的需求。以集合 A 为例，它的特征函数可以被视为一个无穷的 0-1 序列，而一个有穷的 0-1 串 σ 可以被视为它的一个前节。在构造过程中，我们会从尾端逐步延伸，得到一系列

有穷的 0-1 串 σ_s，$s = 0, 1, \cdots$。所谓尾节延伸的精确定义是：我们称有穷 0-1 串 τ **尾节延伸** σ，记作 $\sigma \subseteq_e \tau$，如果 $\tau \upharpoonright |\sigma| = \sigma$；或者等价地说，存在某个有穷的 0-1 串 σ'，使得 $\tau = \sigma\widehat{\ }\sigma'$。尾节延伸保证了对任意一对 σ_s 和 σ_t，在它们定义域的共同部分是一致的。这样，我们可以取 $A = \bigcup_s \sigma_s$，因为等式右端的确是一个无穷的 0-1 序列。

下面我们讨论满足需求的策略，以需求 R_0: $\Phi_0^A \neq B$ 为例。不难想象，我们仍想利用对角线方法，在某点 x_0 处让两边不等，即 $\Phi_0^A(x_0) \neq B(x_0)$。（事实上，由于 R_0 之前没有别的需求，x_0 可以取为 0，但这并不重要。）要是我们能知道 $\Phi_0^A(x_0)$ 的值，一切都很简单，只需定义 $B(x_0)$ 为任一与其不等的值就行。困难在于我们不知道 $\Phi_0^A(x_0)$ 的值是什么，也许它根本就没有定义，这时我们需要信息源的帮助。我们询问信息源 K：是否存在一个有穷 0-1 串 σ 和某一步 s，使得 $\Phi_0^\sigma(x_0)$ 在 s 步有定义？注意：这是一个 Σ_1^0-的问题，因而停机问题 K 可以回答。

如果 K 的回答是否定的，则我们什么都不用做，因为 Φ_0^X 自乱阵脚，无论对任何信息源 X，它在 x_0 点都没有定义，因而不可能是 B 的特征函数。

如果 K 的回答是肯定的，则表明对某个有穷 0-1 串 σ，$\Phi_0^\sigma(x_0)$ 在某一步会有定义。我们可以能行地把这样的 σ 找出来。这样的 σ 可能有很多，但对我们来说随便哪个都可以。准确地说，我们递归地寻找编码最小的数对 $\langle\sigma, s\rangle$，使得 $\Phi_0^\sigma(x_0)$ 在 s 步有定义。这里我们把有穷串 σ 等同于一个自然数，即 σ 的哥德尔编码。找到这样的数对之后，我们也就知道了 $\Phi_0^\sigma(x_0)$ 的值，从而定义 $B(x_0)$ 与之不同。

用尾节延伸的话来说，我们的程序给出了两个有穷 0-1 串 σ 和 τ，分别作为 A 和 B 的前节；其中 σ 是上一段所描述的，而 τ 则是一个长度大于 x_0 的 0-1 串且 $\tau(x_0) \neq \Phi_0^\sigma(x_0)$。（例如，可以让 τ 在 $x \neq x_0$ 的取值均为 0，在 x_0 处取值 $1 - \Phi_0^\sigma(x_0)$ 但这并不重要。）这就是我们针对 R_0 的策略。对 R_1 我们也有类似的策略，不过 A 和 B 的角色要互换。那么，角色不同的策略间有没有相互影响呢？借助信息源的帮助，我们可以在满足第一个需求后，再在所得到的 0-1 串之后延伸来满足下一个需求，满足下一个需求的策略不会影响我们已经满足了的第一个需求，这是尾节延伸的好处。我们就一个需求一个需求地去做就好了。在4.2节，当我们想要构造不可比的**递归可枚举度**时，策略间的冲突将给我们带来很大困难。

构造：我们一步步地构造两个 0-1 串的序列 σ_s 和 τ_s，使得 $\sigma_s \subset_e \sigma_{s+1}$ 和 $\tau_s \subset_e \tau_{s+1}$，并且 $A = \bigcup \sigma_s$ 和 $B = \bigcup \tau_s$。

第 0 步：令 $\sigma_0 = \tau_0 = \emptyset$。

第 $s+1$ 步且 $s+1$ 为偶数 $2e$：我们处理需求 R_{2e}：$\Phi_e^A \neq B$。令 n 为最小的不在 τ_s 定义域中的自然数。利用信息源 K，我们检测是否有

$$\exists \sigma' \exists t\ [\sigma_s \subset_e \sigma' \wedge \text{ 在第 } t \text{ 步} \Phi_e^{\sigma'}(n)\downarrow]。$$

如果有，则递归地找到编码最小的满足中括号内条件的数对 $\langle \sigma', t \rangle$，并计算出 $\Phi_{e,t}^{\sigma'}(n)$ 的值，记作 y, y 是 0 或 1。定义 $\sigma_{s+1} = \sigma'$ 和 $\tau_{s+1} = \tau_s{}^\frown\langle 1-y \rangle$。

如果没有，则定义 $\sigma_{s+1} = \sigma_s{}^\frown\langle 0 \rangle$ 并且 $\tau_{s+1} = \tau_s{}^\frown\langle 0 \rangle$。这是为了让 $\sigma_s \subset_e \sigma_{s+1}$ 和 $\tau_s \subset_e \tau_{s+1}$，即：让定义域增长，保证最终得到的 A 和 B 是无穷序列。其实这一步是可有可无的，因为总会有无穷多个 e 让“有”的情形发生。

第 $s+1$ 步且 $s+1$ 为奇数 $2e+1$：我们对称地处理需求 R_{2e+1}，只需将 σ 和 τ 互换即可。

构造结束。

最后我们验证构造结果的正确性。

引理 4.1.2 集合 A 和 B 是良定义的，并满足 $A, B \leq_T K$ 且互相不可计算。

证明 如前所述，良定义是由尾节延伸所保证的。整个构造明显是一个递归于 K 的算法（除了检测步之外，其他部分都是递归的）。最后根据构造，在第 $2e$ 步，我们满足了第 $2e$ 个需求，因此 $\Phi_e^A \neq B$，所以 $B \not\leq_T A$。同理，$A \not\leq_T B$。 □

4.2 弗里德伯格-穆奇尼克定理

克林尼-波斯特定理给出了 Δ_2^0 的中间度，但这并没有回答波斯特的原始问题，因为那里所需要的是**递归可枚举**的中间度。这一问题最终由弗里

德伯格（1957）和穆奇尼克（1956）分别独立地解决。当时弗里德伯格还只是一个本科生。他们引进了所谓的“优先方法”（priority methods），对后来递归可枚举度的研究产生了极大的影响。

定理 4.2.1（弗里德伯格-穆奇尼克） *存在两个互不归约的递归可枚举度* $\mathbf{a}$ *和* $\mathbf{b}$。

我们需要构造两个递归可枚举集 A 和 B 分别作为度 $\mathbf{a}$ 和 $\mathbf{b}$ 的代表，使得 $A \not\leq_T B$ 且 $B \not\leq_T A$。

我们依然采用“需求-策略-构造-验证”的套路。

取定一个带信息源的图灵机的能行枚举 $\Phi_0^X, \Phi_1^X, \cdots$，我们的需求是：

- R_{2e}: $\Phi_e^A \neq B$；
- R_{2e+1}: $\Phi_e^B \neq A$。

可以看出，这里的需求同4.1节的一模一样，困难在于递归可枚举集构造的特殊性。

在克林尼-波斯特定理的证明中，我们利用信息源 K 得到了 Σ_1 检测问题的答案，根据该答案才能继续进行我们的构造。而当前 A 和 B 必须是递归可枚举的，即我们必须写一个与信息源无关的程序来枚举它们。这就要求我们递归地逼近 Σ_1 检测问题的答案。例如，要想知道 $\Phi_e^A(x)$ 是否有定义，我们只能用 A_s 去逼近 A，且模拟第 e 台（用 A_s 做信息源）图灵机对输入 x 的计算，等待它停机。因此我们必须有两手准备：如果检测问题的答案是“有”，则如何如何；否则如何如何。

我们先看一个“天真版”的满足需求 R_0 的策略，想法与克林尼-波斯特的构造类似。想要 $\Phi_0^A \neq B$，只需选取某个自然数 x_0 使得 $\Phi_0^A(x_0) \neq B(x_0)$。由于我们会经常提到 x_0，不妨把它称为需求 R_0 的**对角化证据**（diagonalization witness）。

作为最先的尝试，我们可以选 x_0 为任何一个尚未枚举进 B 的自然数，然后将 x_0 一直留在 B 的外面，除非在某一步 s 时，我们看到了

$$\Phi_{0,s}^{A_s}(x_0)\downarrow = 0,$$

这里 A_s 是在 s 步时对集合 A 的逼近，即在 s 步内已经枚举进 A 的元素的集合。

有两种可能：

- 情形 1（Σ_1 情形）：存在某步 s，使得

$$\Phi_{0,s}^{A_s}(x_0)\downarrow = 0。$$

  我们称"R_0 在 s 步时**需要关注**"。此时我们将 x_0 枚举进 B，这样 $B(x_0) = 1$ 且 $\Phi_{0,s}^{A_s}(x_0)\downarrow = 0$；起码在 s 步时，对角化是成功的。

- 情形 2（Π_1 情形）：永远看不到让 $\Phi_{0,s}^{A_s}(x_0)\downarrow = 0$ 的那一步 s。这样更好，因为 $B(x_0) = 0$ 且 $\Phi_0^A(x_0) \neq 0$。对角化依然成功。

假定情形 1 发生了，而且我们在 s 步时的对角化是成功的，那之后会怎样呢？当下的成功是否能持续到永远呢？先看集合 B，$B(x_0)$ 会永远是 1，因为在递归可枚举集的构造中，枚举进 B 的元素是不能再拿出来的。那与集合 A 有关的计算 $\Phi_{0,s}^{A_s}(x_0)\downarrow = 0$ 又如何呢？是否也会永远是 0 呢？

回忆一下"使用函数" $u(A_s; 0, x_0, s) = v + 1$，即在计算 $\Phi_{0,s}^{A_s}(x_0)$ 时程序向 A_s"询问"过的最大的数是 v。如果没有（要满足其他的需求的）策略把小于 v 的数枚举进 A，那么，根据使用原理（定理 3.2.11），$\Phi_{0,t}^{A_t}(x_0) = 0$ 对所有 $t > s$ 成立。但是，如果其他策略将一个小于 v 的数 y_0 枚举进 A，计算 $\Phi_{0,s}^{A_s}(x_0)\downarrow = 0$ 就有可能改变，因为程序以前可能"询问"过的问题"$y_0 \in A$?"的答案改变了。显然，我们不能奢望自己那么走运，恰好其他策略都自觉地避免将小于 v 的数枚举近 A。要真是这样的话，A 多半就是空集 $\emptyset$，且 B 可以是任一非递归集，多半是完全的。所以，我们不能凭运气行事，而是要主动地去限制其他策略，来**保护计算** $\Phi_{0,s}^{A_s}(x_0) = 0$，即：要求其他策略不要把小于 $v + 1 = u(A_s; 0, x_0, s)$ 的数枚举进 A；我们把这一行动称为在 A 上加一个长度为 $v + 1$ 的**限制**（restraint up to u）。

这样一来，R_0 的策略产生两种效果：对集合 B 来说，它有所谓"正效果"（也可以说 R_0 对 B 来说是"正需求"），即将自然数 x_0 枚举进 B；对集合 A 来说，则有"负效果"（也可以说 R_0 对 A 来说是"负需求"），它要防止小于 $v + 1$ 的自然数进入 A 中。

这就产生了新的问题，当角色互换时，R_1 的策略会要求将自然数（可能小于等于 v）枚举进 A，同时防止自然数进入 B。两者之间就有了冲突。在克林尼-波斯特的构造中，我们有信息源可以利用，可以满足了 R_0 再去满足 R_1。而如今我们不知道 R_0 会不会等到 Σ_1 情形，即我们不知道 $\Phi_{0,s}^{A_s}(x_0)$ 会在哪一步才有定义。如果强迫 R_1 在 R_0 满足了之后再开始，若 R_0 一直处于情形 2，R_1 就永远不能开始。所以我们不能等待，而是在考虑满足 R_1 的策略时兼顾 R_0 的两种可能性，使得满足 R_1 的策略既要能应付 R_0 的 Σ_1 情形，又要能应付 R_0 的 Π_1 情形。

我们再仔细分析一下可能的冲突，以满足 R_0 和 R_1 的策略为例。典型情形如下：R_0 的策略选好了它的证据 x_0，等待某个 s 步使得 $\Phi_{0,s}^{A_s}(x_0)\downarrow = 0$，好把 x_0 枚举进 B。当 R_0 的策略在等待的时候，我们也运行 R_1 的策略。对称地，R_1 的策略选好了它的证据 y_0，等待某个 t 步，使得 $\Phi_{0,t}^{B_t}(y_0)\downarrow = 0$，好把 y_0 枚举进 A。假设 R_1 等待的结果先出来，即 $t < s$。于是我们就将 y_0 枚举进 A，并对 B 施加一个限制 $u(B_t;0,y_0,t) = v+1$，以保护 $\Phi_{0,t}^{B_t}(y_0)\downarrow = 0$。但是，这个 $v+1$ 可能会大于 x_0。之后 R_0 等待的结果也出来了。依照“天真”的策略，我们把 x_0 枚举进 B，这样一来就损害了（或者说破坏了）计算 $\Phi_{0,t}^{B_t}(y_0)$。这就是策略间冲突的一个典型例子。可以想象，有可能所有偶数脚标的 R_{2e} 策略都与 R_1 冲突，在上面所说的 R_0 毁掉了 R_1 想要的计算之后，R_1 从头再来，选定一个更大的证据 y_0'，并且在 t' 步时又等到了结果，把 y_0' 枚举进 A，并对 B 施加新的限制 $u(B_{t'};0,y_0,t') = v'+1$。但 R_2 等待的结果又在 R_1 等待的结果之后出现，并再次毁掉 R_1 想要的计算，如此反复下去，需求 R_1 永远不能得到满足。我们应该怎么办呢？

解决方案是**指定优先序**（priority）！还是上面的例子，我们此时指定：R_0 的策略比 R_1 的策略优先，R_1 的策略比 R_2 的策略优先，等等。如果上述冲突发生，我们就去满足 R_0 而**损害**（injure）R_1，因为 R_0 优先。这里的要点是 R_0 的策略的本质上是“一次性的”或“有穷性的”，即：一旦等到了情形 1，它只需要行动一次（即：施加一个限制来保护计算 $\Phi_{0,s}^{A_s}(x_0) = 0$，并将 x_0 枚举进 B），R_0 就永远被满足，我们再也不用管它了。（当然，我们这里假定 R_0 的优先性最高，所以没有别的策略可以破坏 R_0。）

在 R_0 的策略行动之后，R_1 的策略需要重新选一个新的对角化证据 y_0'，新的证据要足够大（起码要大于 $u(A_s;0,x_0,s)$），从而与 R_0 的策略不冲突。

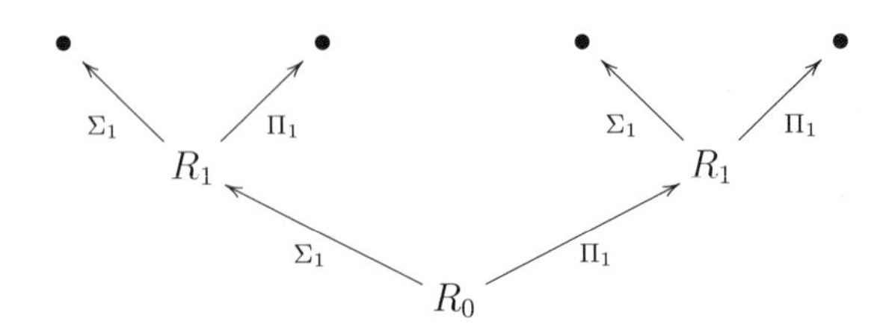

图 4.1　两个需求的可能情形

由于 R_1 的策略的优先性现在是最高的（因为比它优先性高的 R_0 策略已经满足），R_1 将会通过新的证据 y_0' 得到满足，并且不再被其他的需求损害。

让我们再来看一下 R_0 和 R_1 的例子。最初，两者都选好各自的对角化证据，并等待各自的 Σ_1 情形发生。（这好比我们同时监测两个屏幕看有没有事情发生。这个比方虽然不够数学，但可以说明与力迫法的不同。）当 R_0 策略的 Σ_1 情形发生时，它将 x_0 枚举进 B，同时限制 A（不让小于使用函数 u_0 的数进 A）。R_1 的策略与之类似，试图枚举 y_0 进 A，并限制 B 到使用函数 u_1。

"R_0 的优先性比 R_1 高"体现如下：

(1) 如果 R_0 的策略想要把 x_0 枚举进 B，它可以不管 R_1 策略的限制。也就是说，即使 $x_0 < u_1$，我们仍旧把 x_0 枚举进 B。（这是 R_0 的正效果对 R_1 的损害。）

(2) 如果 R_0 的策略想要加一个长度为 u_0 的限制在 A 上，则 R_1 的策略必须要遵守 R_0 策略所加的限制。也就是说，当 $y_0 \leq u_0$ 时，R_1 的策略必须放弃证据 y_0，然后另选一个证据 $y_0' > u_0$。（这是 R_0 的负效果对 R_1 的损害。）

这样对两个需求来说，我们有 4 种可能的结局（outcome），取决于 R_0 和 R_1 的 Σ_1 情形是否发生，参见图4.1。让我们从右往左一一分析图4.1中的二叉树：

- 右边两个结局表示 R_0 只有 Π_1 的情形，所以它对 R_1 不会产生任何损害。R_1 可以根据自己的 Π_1 或 Σ_1 情形自由发展。

  - 最右的结局表示 R_0 和 R_1 的策略都只看到 Π_1 的情形。因此，我们“兵不血刃”，R_0 和 R_1 自动满足。
  - 次右的结局表示 R_0 的策略永远处于 Π_1 的情形，而 R_1 的策略等到了 Σ_1 情形，并且证据 y_0 满足了 R_1。

- 左边的两个结局表示 R_0 的策略等到了 Σ_1 的情形。这时，无论 R_1 的策略等没等到 Σ_1 的情形，我们都要重启（initialize）R_1 的策略，让它另选一个证据 y_0' 重新来。[1]
  - 次左的结局表明 R_1 的策略永远处于 Π_1 的情形，我们又是“不战而胜”。
  - 最左的结局表明在 R_0 的策略等到了 Σ_1 的情形后，R_1 的策略又等到了它自己的 Σ_1 情形，于是 y_0' 满足了 R_1，并且不影响已经满足了的 R_0。

这种利用树的分析在复杂的优先方法构造中起着极为重要的作用。但在我们这个简单例子中，直接把需求排成一个线序反而更直观。以下是用“线序”来组织的构造。

构造：第 0 步：令 $A_0 = B_0 = \emptyset$，且对任一自然数 j，令 $x_j^0 = j$ 并让 $r(j,0) = -1$。

注 4.2.2　我们用 x_j^s 表示 R_j 在 s 步时的对角化证据。$x_j^0 = j$ 表示“R_j 在第 0 步时的对角化证据是 j”。我们根据 i 为 $2e$ 或 $2e+1$ 定义限制函数 $r(i,s)$ 为

$$r(2e,s) = u(A_s; e, x_{2e}^s, s), \qquad r(2e+1,s) = u(B_s; e, x_{2e+1}^s, s), \tag{4.1}$$

表示 R_i 在第 s 步所施加限制的长度，并用 $r(i,0) = -1$ 表示“R_i 在第 0 步时没有施加任何限制”。

第 $s+1$ 步：我们在这一步考察 $\leq s$ 的那些需求。相对于 s，某些需求等到了自己的结果，因此也就需要增加限制以保护自己的结果。

(1) 我们称需求 R_i **需要关注**，如果

[1] 也许读者会问：没准 y_0 碰巧大于 u_0，我们不是无需重启 R_1 吗？是的，但为了方便，把它干脆重启算了，省得还要多区分一种情况。

- $i = 2e$，而
$$\Phi_{e,s}^{A_s}(x_{2e}^s)\downarrow = 0 \wedge x_{2e}^s \notin B, \tag{4.2}$$
即：R_{2e} 等到了自己的证据 x_{2e}^s，但它尚未被枚举进 B。

- $i = 2e+1$，而
$$\Phi_{e,s}^{B_s}(x_{2e+1}^s)\downarrow = 0 \wedge x_{2e+1}^s \notin A, \tag{4.3}$$
即：R_{2e+1} 等到了自己的证据 x_{2e+1}^s，但它尚未被枚举进 A。

令 $i \leq s$ 为最小的自然数使得 R_i 在 $s+1$ 步需要关注。

如果不存在这样的 i，则无需做任何事情，即：让 $A_{s+1} = A_s$、$B_{s+1} = B_s$、$r(i, s+1) = r(i, s)$ 和 $x_i^{s+1} = x_i^s$。

(2) 如果存在 i 使得 R_i 需要关注，并且 i 是这样的自然数中最小的，我们做如下行动，并称"R_i **得到了关注**"：

假设 $i = 2e$（$i = 2e+1$ 的情形对称地处理），将 x_{2e}^s 枚举进 B_{s+1}，即 $B_{s+1} = B_s \cup \{x_{2e}^s\}$。令 $x_{2e}^{s+1} = x_{2e}^s$，并设置限制 $r(2e, s+1) = u(A_s; e, x_{2e}^s, s)$。这样 R_{2e} 就得到了满足。

(3) 我们还要考虑 R_{2e} 满足后对其他需求 R_j 的影响，或者说损害。

- 如果 $j < 2e$，令 $r(j, s+1) = r(j, s)$ 和 $x_j^{s+1} = x_j^s$，即：如果 $j < 2e$，说明 R_j 的优先性更高，我们不去更改 R_j 的任何参数。
- 如果 $j > 2e$，需要重启 R_j：选择新的证据 x_j^{s+1} ，它是同时满足以下条件的最小的自然数：
  - 尚未枚举进 A_s 或 B_s：$x_j^{s+1} \notin A_s \cup B_s$；
  - 大于优先度高于 $2e$ 的所有需求的限制，或者说遵从了比它优先的这些策略的限制：$x_j^{s+1} > \max\{r(k, s+1) : k \leq 2e\}$；
  - 不与优先于它的需求的证据重复：对所有的 $k < j$ ，$x_j^{s+1} > x_k^{s+1}$。

至此我们构造完毕，接下来验证以上构造是成功的。

引理 4.2.3 *所有需求 R_i 至多受到有穷次关注，且最终得到满足。*

证明 我们对 i 进行归纳。假设引理对所有 $j < i$ 都成立。我们选取最小的 s，使得对任意 $j < i$，R_j 在 s 步后都不再需要关注，即：优先权高于 R_i 的需求都已经满足并且不再被损害。

不妨设 $i = 2e$（$i = 2e + 1$ 的情形是对称的），此时有两种可能：

(1) R_{2e} 在 s 步后也不再需要关注，这说明 $\Phi_e^A(x_{2e}^s) \neq 0$，它或者无定义，或者等于 1。而我们为 R_{2e} 选择的证据 x_{2e}^s 不属于 B，并且也不会被枚举进 B，因此 R_{2e} 得到满足。

(2) 如果 R_{2e} 在 $t+1 > s$ 步时需要关注，则由归纳假设，它现在是最小的那个需要关注的需求，所以根据 $t+1$ 步的构造，它在 $t+1$ 步会得到关注。还要注意的是，此时 $x_{2e}^t = x_{2e}^s$，这同样是因为根据归纳假设，s 步之后没有策略会损害 R_{2e}，使其重新选择证据。所以根据构造，此时有

- $\Phi_{e,t}^{A_t}(x_{2e}^t)\downarrow = 0$;
- x_{2e}^t 被枚举进 B_{t+1}，即 $x_{2e}^t \in B_{t+1} - B_t$;
- 设置限制 $r(2e, t+1) = u(A_t; e, x_{2e}^t, t)$;
- 由于 R_{2e} 的优先级最高，限制函数也不会再改变：

$$A \upharpoonright r(2e, t+1) = A_t \upharpoonright r(2e, t+1),$$

而这就蕴涵着

$$\Phi_e^A(x_{2e}^t) = \Phi_{e,t}^{A_t}(x_{2e}^t) = 0,$$

所以 R_{2e} 在 $t+1$ 步得到满足，且在此之后永远不需要关注，或者说再也不会被损害。

□

事实上，对于这个构造，我们可以给出一个损害次数的上界：

引理 4.2.4 对任意需求 R_j，定义它的**损害集**为

$$\begin{aligned} I_j = &\{x_k \mid k < j \\ &\wedge (k = 2e \to \exists t(\Phi_{e,t}^{A_t}(x_k)\downarrow = 0)) \\ &\wedge (k = 2e+1 \to \exists t(\Phi_{e,t}^{B_t}(x_k)\downarrow = 0))\}, \end{aligned}$$

则 $|I_j| \leq 2^j$。

证明 参见习题4.4。 □

注 4.2.5 $|I_j|$ 表示在以上构造中 R_j 被损害的次数，引理4.2.4 说明每个需求的损害是有穷的，而且被一个递归函数限制。

4.3 萨克斯分裂定理

弗里德伯格-穆奇尼克定理肯定地回答了波斯特问题，即存在一个递归可枚举的中间度。用同样的方法可以证明存在可数多个互不可比的递归可枚举中间度（参见习题4.3）。因此，递归可枚举度是相当丰富的。人们自然会问，它们的结构是怎样的？对于（偏）序结构来说，首先要确定的是稠密性。1964 年，萨克斯证明了递归可枚举度是稠密的。但在此之前，1963 年，萨克斯先证明了递归可枚举度的“向下稠密性”。事实上，他证明了任意一个非递归的递归可枚举集 A 都可“分裂”为两个不相交的非递归递归可枚举集 A_0, A_1，并且它们是图灵不可比的。

萨克斯使用的方法仍然被归类于有穷损害，但它与弗里德伯格和穆奇尼克类型的有穷损害有很大不同。引理 4.2.4给出了后者损害次数的一个递归上界，即对需求 R_e 的损害次数不超过 2^e 次；对前者而言，虽然损害次数是有穷的，但不存在递归上界。因此，萨克斯这里使用的方法更接近所谓的“无穷损害”方法，即构造中需求的损害集可能是无穷的。作为递归论的一本入门书，本书并未涉及无穷损害的构造方法，有兴趣的读者可以参阅（Soare, 1987）。本节的内容仅供对构造有兴趣的同学参考，完全跳过也不会影响对后文的理解。

首先我们定义“分裂”这个概念：

定义 4.3.1 假设 A, A_0, A_1 都是自然数的子集，我们称 (A_0, A_1) 是 A 的一个**递归可枚举的分裂**（splitting），简称分裂，如果它们满足：

(1) A_0, A_1 都是递归可枚举的；

(2) A_0, A_1 不能互相图灵归约，即 $A_0 \not\leq_T A_1$，$A_1 \not\leq_T A_0$；

(3) $A = A_0 \sqcup A_1$，即 $A = A_0 \cup A_1$ 并且 $A_0 \cap A_1 = \emptyset$。

我们做一些简单的观察。通俗地说，这里的情形非常类似于两个人玩扑克牌游戏的一部分。我们有一副牌 A，把牌按某种规则发给两个选手 A_0 和 A_1，最后他们手中的牌分别为 A_0 和 A_1（我们将牌手和他的牌等同起来）。我们的目标是让两位选手拿完 A 中的所有牌（$A = A_0 \sqcup A_1$），并且互相不能猜出对方的牌（A_0 和 A_1 互相不能图灵归约）。

定义4.3.1 (3) 说的是：作为集合来说，$\{A_0, A_1\}$ 是集合 A 的一个划分（partition）；(1) 和 (3) 一起说明了 A 也是递归可枚举的；并且有了 (3) 之后，(2) 蕴涵 A 的图灵度可以分裂成两个较小的图灵度，即 A_0 和 A_1 的图灵度，而且 A 的图灵度是 A_0 和 A_1 的图灵度的最小上界。准确地说，我们有以下引理：

引理 4.3.2 如果 (A_0, A_1) 是 A 的一个分裂，则

$$\deg(A) = \deg(A_0) \vee \deg(A_1) \quad \text{且} \quad \deg(A_i) < \deg(A) \text{ ，其中} i = 0, 1。$$

证明 首先证明对 $i = 0, 1$，$A_i \leq_T A$。以 A_0 为例（A_1 是对称的）。对任一自然数 x，我们有如下（用 A 作信息源的）算法来判定 x 是否属于 A_0：首先问信息源 A，“x 是否属于 A?”如果不属于，则回答 x 也不属于 A_0；如果 x 属于 A，则同时递归地枚举 A_0 和 A_1（因为它们都是递归可枚举的）；根据 (3)，x 必须在其中一个集合出现，如果出现在 A_0 中则回答“是”，如果出现在 A_1 中则回答“否”。

接下来我们证明 $A \not\leq_T A_0$。反设此命题不成立，即 $A \leq_T A_0$。由于我们已经证明 $A_1 \leq_T A$，因此 $A_1 \leq A_0$，与 (2) 矛盾。同理，$A \not\leq_T A_1$。

最后，如果集合 B 满足 $A_0 \leq_T B$ 且 $A_1 \leq_T B$，我们可以用 B 来计算 A，算法如下：给定输入 x，我们用 B 作信息源来回答“x 是否属于 A_0”和

"x 是否属于 A_1"。如果有一个回答"是"，则 x 属于 A；如果两个都回答"否"，则根据 (3) 可知，x 不属于 A。所以，A 的图灵度是 A_0 和 A_1 的图灵度的最小上界。 □

定理 4.3.3（萨克斯分裂定理） *每个非递归的递归可枚举集 A，都有一个递归可枚举的分裂 (A_0, A_1)。*

令 A 是一个非递归的递归可枚举集。固定 A 的一个递归枚举

$$\{A_s : s \in \mathbb{N}\},$$

其中 A_s 是在 s 步后枚举进 A 中的元素的集合。我们不妨假定在 s 步内我们只能枚举小于等于 s 的数进 A。令 τ_s 为 A_s 的特征函数，所以 τ_s 是长度为 s 的 0-1 串。在每一步 s，如果有元素被枚举进 A，则我们必须决定将其放入 A_0 还是 A_1。与前面一样，我们令在 s 步构造的集合分别为 $A_{0,s}$ 和 $A_{1,s}$，并且最终令 $A_0 = \bigcup A_{0,s}$，$A_1 = \bigcup A_{1,s}$。

回到刚才的通俗比喻，如果某个选手，例如 A_0，知道 A_1 手中所有的牌，那么他根据自己的牌就可以猜出 A 中所有的牌。所以，为了不让两位选手猜出对方的牌，我们只需阻止他们完全了解 A 中的牌即可。严格来讲，根据引理4.3.2，如果 $A_0 \leq_T A_1$，则由于 $A_1 \leq_T A_1$，就一定有 $A \leq_T A_1$（A_1 归约到 A_0 的情况类似），所以，只要 A 不能图灵归约到 A_0 或 A_1，后二者就不能相互图灵归约。因此，我们的任务就是阻止 A 图灵归约到 A_0 或 A_1。这样就可以确定构造的需求如下：

需求 对所有 $e \in \mathbb{N}$，要满足

$$\begin{aligned} P:&\quad A = A_0 \sqcup A_1。\\ R_{2e}:&\quad \Phi_e^{A_0} \neq A。\\ R_{2e+1}:&\quad \Phi_e^{A_1} \neq A。\end{aligned} \tag{4.4}$$

我们分析一下满足需求的策略。首先，我们给需求 P 最高的优先序，在构造中总是把枚举进 A 的元素立刻放到 A_0 或 A_1 中（当然只放入其中一个）。其次，对于需求 R_{2e} 或 R_{2e+1}，我们不妨以需求 R_{2e} 为例，奇数的情况是对称的。而且为了澄清思路，我们暂时只考虑单个需求 R_{2e} 的情况，而不考虑需求之间可能的相互冲突。

在定理4.2.1的证明中，为了满足需求 $\Phi_e^{A_0} \neq A$，我们构造的核心思想是使用对角化证据去破坏它们的一致性。但现在的问题是集合 A 是给定的，我们不能随意地枚举元素到 A 里面，也就不能随意地选取对角化证据。

为了克服这个困难，萨克斯采用了一个新的策略，即反其道而行之，在构造中尽可能地去“保护”等式 $\Phi_e^{A_0} = A$，而不是破坏它。

读者可能会问：这样岂不是在“帮助对手”吗？如果该等式最终成立，我们的构造注定要失败。而这正是萨克斯策略的高明之处，它的核心思想是“欲擒故纵”：如果“保护”得当，最后真的有 $\Phi_e^{A_0} = A$，那么 A 就是递归的，与前提矛盾。也就是说，表面上我们是在保护对手，但实际上是令其在自我膨胀的过程中自己击败自己。

具体来说，在每一步 s，我们首先观察 $\Phi_{e,s}^{A_{0,s}}$ 与 τ_s 的最大相同段（注意：我们将它们看作 0 和 1 的序列）。一般地，对任意 e, s，任意 $i = 0, 1$，我们定义**（相同段）长度函数**为

$$l(e, i, s) = \max\{x : \forall y < x[\Phi_{e,s}^{A_{i,s}}(y)\downarrow = \tau_s(y)]\}。$$

不难看出，如果 $l(e, i, s) = l$，则在第 s 步时，对任何 $y < l$，$\Phi_{e,s}^{A_{i,s}}(y)$ 与 $\tau_s(y)$ 相同；而在 l 这一点，或者 $\Phi_{e,s}^{A_{i,s}}(l)$ 还没有结果，或者 $\Phi_{e,s}^{A_{i,s}}(l)\downarrow \neq \tau(l)$，即 $x = l$ 是第一个不等点。

仍然回到满足 $R_{2e} : \Phi_e^{A_0} \neq A$ 策略的讨论（即 $i = 0$ 的情形）。随着步数 s 的增加，这个相同段长度 $l_{e,0,s}$ 的长度会变化（变长或者变短）。我们当然希望长度 $l(e, 0, s)$ 有一个上限 l^*。如果在某一步 s 达到这个上限 l^*，那么对任意 $t > s$，相同段在 t 步的长度都不会超出 l^*。这样 $\Phi_e^{A_0}$ 与 A 在任何步后都至少在 l^* 下有一个不等点，因此 R_{2e} 就得到了满足。但现实不会这么美好，无论是 $\Phi_{e,s}^{A_{0,s}}$ 还是 τ_s，都有我们不能控制的成分，我们无法阻止相同段越变越长。最坏的情形是 $l_{e,0,s}$ 随着 s 的增长最终越来越长，即：$\sup_s l(e, 0, s) = \infty$，这样我们就无法满足 R_{2e}。为此，我们尝试按照萨克斯的策略行事。

萨克斯保护策略 我们在每一步中都尽可能“保护”相同段等式的左边，保护的方法是避免将有可能破坏 $\Phi_{e,s}^{A_{0,s}}(y) = \tau_s(y)$，$y < l(e, 0, s)$ 的数枚举进 $A_{0,s+1}$。为此，我们定义（一般地）**限制函数**为

$$r(e, i, s) = \max\{u(A_{i,s}; e, y, s) : y \leq l(e, i, s)\}。$$

注意：限制函数同时也保护了 $y = l(e,i,s)$ 这一点，即我们连同第一个不等点一起保护。

如果在 s 步枚举进 A 的元素 a 小于限制函数 $r(e,0,s)$，就将 a 枚举进 $A_{1,s}$，而不是 $A_{0,s}$。（这里我们不妨假设每一步至多枚举一个元素进 A。）如果我们一直这样做，最终有两种可能的情况。

第一种情况，τ_s 在某个 $z < l(e,0,s)$ 的地方有改变，而且一定会是 $\tau(z)$ 从 0 变成了 1（我们不会把枚举进 A 中的元素拿出来）；根据长度函数的定义，$\Phi_{e,s}^{A_{0,s}}(z)$ 有定义且等于 $\tau_s(z)$ 之前的值（即 0），这样 z 就成为新的最小不等点。根据萨克斯保护策略，我们连同第一个不等点一起保护，不会将 z 放入 A_0，所以，或者 z 这个不等点被永久保护下来，或者有 $z' < z$ 取代 z 成为新的更小的不等点。也就是说，总有一个不等点被我们抓住，所以我们就满足了 R_{2e}。

第二种情况，τ_s 在小于 $z < l(e,0,s)$ 的地方永不改变。如果真是这种情况发生，那么相同段就会越来越长，没有上界，最终 $\Phi_e^{A_0} = A$。而这意味着 A 是递归的：对每一个 x，要判定“x 是否属于 A”，我们只需找到最小的 s，使得 $l(e,0,s)$ 的长度大于 x，由于相同段没有上界，这样的 s 总能找到。然后计算 $\Phi_{e,s}^{A_{0,s}}(x)$，由于 $\tau_s(x)$ 永远不变，总有 $\Phi_{e,s}^{A_{0,s}}(x) = \tau_s(x) = \tau(x)$。但定理中已经假设 A 不是递归的，所以，在这样设想的构造策略中，第二种情况不会发生。

有了以上分析，我们就有了满足单个需求的策略。但显然这些策略之间是有冲突的。例如，为了满足偶数脚标的需求 R_{2e}，我们要把所有的“麻烦制造者”枚举进 A_1；类似地，为了满足奇数脚标的需求 R_{2e+1}，我们又要把所有的“麻烦制造者”枚举进 A_0。如果一个数 a 既给偶数脚标又给奇数脚标的需求带来麻烦，我们该怎么办呢？读懂了4.2节的读者立刻会想到设立优先序。的确如此，我们建立需求的优先顺序为

$$R_0 < R_1 < R_2 < \cdots,$$

脚标越小优先性越高。如果 a 同时给（且只给）R_2 和 R_5 带来麻烦，即：R_2 要求我们将 a 放入 $A_{1,s}$，R_5 要求我们将 a 放入 $A_{0,s}$。这就是需求之间的冲突。由于 R_2 的优先度高于 R_5，按构造我们最终会将 a 枚举进 $A_{1,s}$，这样 R_5 就受到了**损害**。关键的问题是：R_5 会不会永远被损害下去呢？如果

是那样，它就永远不会被满足，我们的构造就行不通。但根据前面的分析，对 R_2 来说，$l(2,0,s)$ 有一个上界，$r(2,0,s)$ 也有上界，不妨记作 $r_{2,0}$。因此，总会在某一步 t，A 中所有小于某个 $r_{2,0}$ 的元素都被枚举了出来（虽然我们无法能行地算出 t）。在 t 以后的步骤，R_2 就永远不会损害其他需求。因此，R_5 也早晚会被满足。

构造 第 0 步。令 $A_{0,0}=A_{1,0}=\emptyset$，并且 $l(e,i,0)=r(e,i,0)=0$。

第 $s+1$ 步。假设 $A_{0,s},A_{1,s}$ 已经构造，对于在 $s+1$ 步新枚举进 A 的元素的 a（如果没有，则跳到下一步），我们需要决定将 a 枚举进 $A_{0,s+1}$ 还是 $A_{1,s+1}$。假设 $j\leq s$，我们只考虑 $j=2e$ 的情况。我们称 R_{2e} 在第 $s+1$ 步**需要关注**，如果 $a<r(e,0,s)$，即：如果将 a 枚举进 $A_{0,s+1}$ 会损害 R_{2e}。选取最小的 $j=2e$ 使得 R_{2e} 需要关注，将 a 枚举进 $A_{1,s+1}$ 中，即：令 $A_{1,s+1}=A_{1,s}\cup\{a_{s+1}\}$。同时令 $A_{0,s+1}=A_{0,s}$，而 $l(e,0,s+1)$ 和 $r(e,0,s+1)$ 也都相应地重新定义。此时我们称 R_{2e} **得到了关注**。

如果对任意 $j\leq s$，没有 R_j 需要关注，则约定将 a 统一枚举进 A_0，令 $A_{1,s+1}=A_{1,s}$。最后，相应地更新定义 $l(e,i,s+1)$ 和 $r(e,i,s+1)$。

这样就完成了构造。

定义 4.3.4 对每一 e 以及 $i\in\{0,1\}$，定义

$$I_{2e+i}=\{x:\exists s[x\in A_{i,s+1}-A_{i,s}\wedge x<r(e,i,s)]\}$$

为 R_{2e+i} 的**损害集**。

验证 接下来我们验证以上构造是成功的，为此我们需要证明下述引理。

引理 4.3.5 任意 $i\in\{0,1\}$，对任意 $j=2e+i$，任意 s，

(1) I_j 是有穷的；

(2) $\lim_s l(e,i,s)=l_{e,i}$ 是有穷的，所以 $\lim_s r(e,i,s)=r_{e,i}$ 也是有穷的；

(3) R_j 被满足，即对任意 $e\in\mathbb{N}$，$i\in\{0,1\}$，$\Phi_e^{A_i}\neq A$。

证明 我们归纳证明 (1) – (3)。假设对任意 $k < j$，(1) – (3) 已经成立。不妨设 $j = 2e$，$j = 2e + 1$ 的情况是对称的。

我们先证明 (1)。根据归纳假设 (2)，在某一 t_0 步之后，与优先性高于 R_{2e} 的需求相应的使用函数 不会再增加，所以，对任意 $t \geq t_0$，任意 $e' < e$，任意 $i \in \{0, 1\}$，$r(e', i, t) = r_{e',i}$。令 r 大于所有的 $r(e', i, t_0)$，同时找到 $t > t_0$，使得对任意 $y < r$，$\tau_t(y) = \tau(y)$，即 A 中小于 r 的元素都已经被枚举出来。$y < r$ 意味着 y 可能会损害某个优先于 R_{2e} 的需求，而 $\tau_t(y) = \tau(y)$ 则表示在第 t 步所有这些可能的损害者已经被枚举出来。所以在 t 步之后，R_{2e} 不再被损害，(1) 由此得证。

接下来证明 (2)。反设 $\lim_s l(e, 0, s) = \infty$。我们证明 A 是递归的，这与定理的前提矛盾。

根据 (1)，存在 t，R_{2e} 在 t 步之后不再受到损害。我们令 t_0 是这样的 t 中最小的。对任意 $x \in \mathbb{N}$，取最小的 s_0，使得 $s_0 > t_0$ 并且 $l(e, 0, s_0) > x$。由于 $\lim_s l(e, 0, s) = \infty$，这样的 s_0 存在。为了证明 A 是递归的，我们只需证明：

$$\Phi_{e,s_0}^{A_{0,s_0}}(x) = \Phi_e^{A_0}(x) = A(x),$$

而这只需证明，对任意 $s \geq s_0$，

$$\Phi_{e,s_0}^{A_{0,s_0}}(x) = \Phi_{e,s}^{A_{0,s}}(x)。$$

但是，由于 $s_0 > t_0$，对任意 $a \in \mathbb{N}$，如果 $a \in \tau_s - \tau_{s_0}$，即 a 是在 s_0 步之后枚举出来的 A 中元素，则 $a > r(e, 0, s_0)$，所以，对任意 $y < l(e, 0, s_0)$，$\Phi_e^{A_0}$ 计算 y 所征询的 A_0 中的最大数都小于 a，不管 a 是否被枚举进 A_0，都不会改变 $\Phi_{e,s_0}^{A_{0,s_0}}(y)$ 的计算结果，即：$\Phi_{e,s_0}^{A_{0,s_0}}(y) = \Phi_{e,s}^{A_{0,s}}(y)$。特别地，$\Phi_{e,s_0}^{A_{0,s_0}}(x) = \Phi_{e,s}^{A_{0,s}}(x)$。

最后证明 (3)，而这几乎是显然的。因为如果 R_{2e} 不被满足，即 $\Phi_e^{A_0} = A$，则 $l(e, 0, s) = \infty$，与 (2) 矛盾。 □

对定理4.3.3的构造过程稍作修改，我们可以很容易地让任意给定的非递归的递归可枚举集 C 不能图灵归约到 A_0 或 A_1。要做到这一点，只需将需求 R_{2e+i} 修改为 $\Phi_e^{A_i} \neq C$（$i = 0, 1$）即可。于是，我们有以下更一般的分裂定理。

定理 4.3.6 对任意非递归的递归可枚举集 A, C，存在递归可枚举集 A_0, A_1，使得 $A_0 \cap A_1 = \emptyset$，$A = A_0 \cup A_1$，并且 $C \not\leq_T A_0$，$C \not\leq_T A_1$。

不难看出，定理4.3.3是定理4.3.6 的推论，只要取 $A = C$ 即可。

推论 4.3.7 对任意非递归的递归可枚举度 $\mathbf{a}$，存在图灵不可比的递归可枚举度 $\mathbf{a}_0, \mathbf{a}_1$，使得 $\mathbf{a} = \mathbf{a}_0 \vee \mathbf{a}_1$。因此，不存在最小的递归可枚举度。

证明 令 $A \in \mathbf{a}$ 为递归可枚举集，应用定理4.3.3，得到递归可枚举集 A_0, A_1，则 A_0 与 A_1 不可比。令 $\mathbf{a}_0 = \deg(A_0)$，$\mathbf{a}_1 = \deg(A_1)$，则由引理4.3.2，$\mathbf{a} = \deg A = \deg(A_0 \oplus A_1) = \mathbf{a}_0 \vee \mathbf{a}_1$。 □

推论 4.3.8 存在一个递归可枚举度的严格无穷下降链：

$$\mathbf{0}' > \mathbf{a}_0 > \mathbf{a}_1 > \mathbf{a}_2 > \cdots。$$

证明 反复运用推论4.3.7。 □

推论 4.3.9 对任意递归可枚举度 $\mathbf{c}$，$\mathbf{0} < \mathbf{c} < \mathbf{0}'$，都存在一个递归可枚举度与 $\mathbf{c}$ 图灵不可比。

证明 应用定理4.3.6，取 $A = K$，$C \in \mathbf{c}$。A_0 和 A_1 必有一个是与 C 图灵不可比的。否则，必有 $A_0 \leq_T C$，$A_1 \leq_T C$，而这蕴涵着 $K \leq_T C$，矛盾。 □

在 1963 年萨克斯证明了分裂定理之后，他打算用类似的方法来证明稠密性，毕竟分裂定理蕴涵向下的稠密性。所以他试图证明：对给定的递归可枚举集合 $B <_T A$，都有一个 A 的递归可枚举的分裂 (A_0, A_1)，且 $B < A_0$ 和 $B < A_1$，但一直没能成功。直到 1964 年的一天，他放弃了分裂的想法，转去直接证明：对给定的递归可枚举集合 $B <_T A$，都有一个递归可枚举集 C，使得 $B <_T C <_T A$，立刻就获得成功！直到 1975 年，拉赫兰才证明了萨克斯最初的设想是不可能的，这就是著名的拉赫兰非分裂定理，它是 $0'''$-损害优先方法的第一个例子。

4.4 习题

4.1 节习题

4.1 证明在定理4.1.1中构造的集合 A, B 满足 $A' \equiv_T B' \equiv_T K$。

4.2 修改定理4.1.1中的构造，使得 $A \oplus B \equiv_T K$。

4.2 节习题

4.3 证明：

(1) 存在集合递归可枚举A_0, A_1, A_2，使得 $A_0 \not\leq_T A_1 \oplus A_2$，$A_1 \not\leq_T A_0 \oplus A_2$，并且 $A_2 \not\leq_T A_0 \oplus A_1$。

(2) 存在集合序列 $\{A_j : j \in \omega\}$，使得 $\bigoplus_j A_j := \{\langle x, j\rangle : x \in A_j\}$ 是递归可枚举的，并且对任一 $i \in \omega$，$A_i \not\leq_T \bigoplus_{j \neq i} A_j$。

4.4 证明引理4.2.4。

4.3 节习题

4.5 证明：在定理4.3.6中，我们可以把“C 是非递归的递归可枚举集”这一条件减弱为“$C \leq_T \emptyset'$ 并且是非递归的”。【提示：应用肖恩菲尔德极限引理 3.3.8，枚举 C_s 使得 $C = \bigcup_{s \in \mathbb{N}} C_s$。对于 $A_{i,s}$ 和 $l(e,i,s)$，定义“极大长度函数”为

$$m(e,i,s) = \max\{l(e,i,t) \mid t < s\}。$$

然后在 $r(e,i,s)$ 的定义中使用 $m(e,i,s)$ 取代 $l(e,i,s)$。】

4.6 假设 $\{C_j\}_{j \in \mathbb{N}}$ 是非递归的 Δ_2^0 集的一个递归的枚举，A 是递归可枚举集。

(1) 存在 A_0, A_1 使得 $A = A_0 \cup A_1$ ，$A_0 \cap A_1 = \emptyset$，并且对任意 $j \in \mathbb{N}$，任意 $i = 0, 1$，$C_j \not\leq_T A_i$。

(2) 因此，不存在递归可枚举集或 Δ_2^0 的递归枚举 $\{C_j\}_{j\in\mathbb{N}}$，使得

$$\{\deg C_j \mid j \in \mathbb{N}\}$$

恰好就是非 $\mathbf{0}$ 的递归可枚举度或 Δ_2^0 度。

【提示：将定理4.3.3证明中的需求 R_{2e+i} （$i = 0, 1$）修改为

$$R_{j,2e+i}:\ \Phi_e^{A_i} \neq C_j,$$

然后使用相同的方法证明。】

4.7　证明：存在递归可枚举度 $\mathbf{a}_0$ 和 $\mathbf{a}_1$，使得对任意递归可枚举度 $\mathbf{c}$，存在递归可枚举度 $\mathbf{c}_0 \leq \mathbf{a}_0$，$\mathbf{c}_1 \leq \mathbf{a}_1$，满足 $\mathbf{c} = \mathbf{c}_0 \vee \mathbf{c}_1$。【提示：令 $W_e \in \mathbf{c}$，对 $K_0 = \{\langle x, e\rangle \mid x \in W_e\}$ 应用定理4.3.3。】

第五章 算法随机性的基本知识

5.1 0-1 字符串与康托尔空间

5.1.1 随机性

1913 年 8 月 18 日，蒙特卡洛赌场的轮盘上珠子连续落在黑色的间隔中。这吸引赌客将大量筹码押注在红色间隔。他们相信黑色和红色出现的概率是相同的，在这种情况下珠子会有更大的机会落在红色的间隔中。然而最终，珠子连续 26 次落了在黑色的间隔，令赌客损失惨重（Darling, 2004, p. 278）;（Lehrer, 2010, p. 66）。蒙特卡洛谬误（又称赌徒谬误）便由此得名。它指在一系列随机事件中，如果某种情况出现得过于平凡，那么人们会相信它在未来将较少出现。概率论的解释是独立事件的概率（每次打珠落入黑色间隔的概率为 18/37）和它们所组成的连续事件的概率（连续 26 次黑色的概率为 $(18/37)^{26}$）都只在整个事件发生前有效，即：前者在每次打珠前而后者只在第一次打珠前有效。相对于与物理世界有着神秘联系的概率论，逻辑学家所关心的随机性理论则主要是对随机性概念本身的分析。在蒙特卡洛谬误中，赌客们关于随机性直观又被称作大数定律。严格地说，如果一个**无穷** 01 序列（即自然数集）Z 是随机的，那么，其中 0 和 1 出现的概率应该是相同的：

$$\lim_{n\to\infty} \frac{\sum\limits_{x=0}^{n} B(x)}{n+1} = 1/2,$$

其中，$B(x) = 0, 1$。赌客的错误在于，关于随机性的这个性质仅仅是在趋向于无穷时才是有效的，而随机序列的有穷前段可能出现任何情况。波莱尔用猴子打字员来比喻这种随机现象（Borel, 1913）：一只猴子在打字机上随意敲击无穷次，几乎能打出任何一段文字，甚至一部完整的莎士比亚戏剧。

因此，当我们试图严格地谈论随机性概念时，所谈论的应该是关于无穷序列的性质。或者说，我们所关心的是哪些无穷 0-1 序列可以被看作是随机的。又由于无穷 0-1 序列总是可以被看作自然数子集的特征函数，因此，算法随机性理论所讨论的对象与经典可计算性理论一样，都是自然数上的集合与函数。事实上，随机性与可计算性往往被认为是关于自然数函数或集合的两种相对的属性，更进一步的研究表明，两者之间有着密切且非平凡的互动。有关研究成为近年来推动递归论发展的重要议题。

5.1.2 0-1 字符串与康托尔空间

下面，我们介绍一些关于 0-1 字符串、0-1 序列与康托尔空间的预备知识。

对任意自然数 n，我们用 2^n 表示所有长度为 n 的 0-1 串组成的集合。事实上，该集合元素的个数也正是 2^n。令 $2^{<\omega} = \bigcup_n 2^n$，即所有有穷 0-1 串组成的集合。有穷 0-1 串在**尾节延伸**关系 $\prec$ 下形成了一个完全二叉树（图5.1）。如果字符串 σ 和 τ 不存在共同的尾节延伸，我们就称它们是**不相容的**，记作 $\sigma \perp \tau$。反之则称 σ 和 τ 相容，此时要么 $\sigma \preceq \tau$（$\sigma \prec \tau$ 或 $\sigma = \tau$），要么 $\tau \prec \sigma$。

为方便起见，我们接下来用 $\sigma\tau$ 表示将字符串 σ 和 τ 首尾相连得到的字符串。令 s 是字符或字符串，我们用 s^n 表示 n 个 s 首尾相连得到的字符串。此外，我们用 $|\sigma|$ 表示字符串 σ 的长度。

0-1 序列与实数

$P \subset 2^{<\omega}$ 是一根无穷枝，当且仅当 $|P| = \omega$ 且 P 在 $\prec$ 关系下是一个线序。完全二叉树的每一根无穷枝 P 对应了一个无穷 0-1 序列 $Z = \bigcup P$。令 2^ω 表示所有无穷 0-1 序列组成的集合，一般又称之为**康托尔集**。

每个有穷 0-1 串 σ 都可以对应一个自然数 $\sum_{i<|\sigma|} \sigma(i) \cdot 2^i$。反过来，我们将每个自然数 n 的二进制表示规定为最短的对应于 n 的字符串。例如，

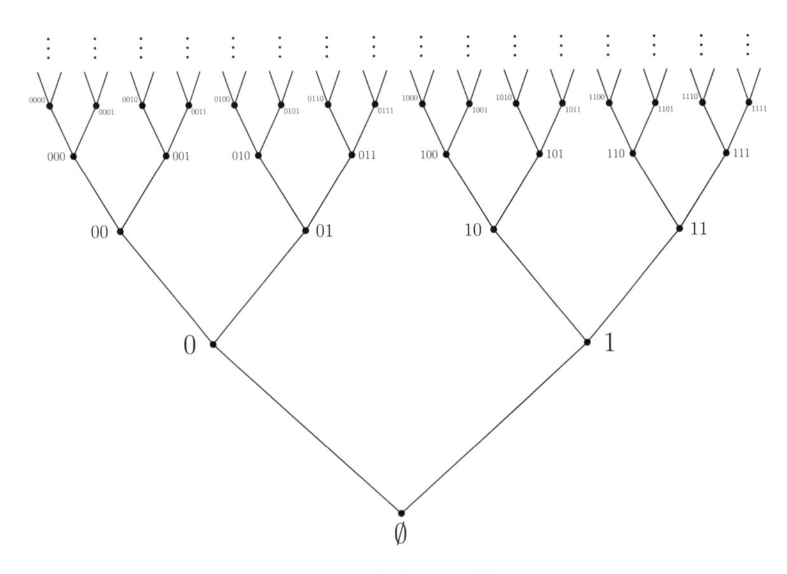

图 5.1　完全二叉树

十进制自然数 2 表示成 01，6 表示成 011。注意：每个非零自然数的二进制表示都以 1 结尾。例如，在 01，010 与 0100 中，我们只取 01 作为二进制表示。每个自然数 n 的二进制表示的长度正好是严格大于 $\log_2 n$ 的最小整数，为方便起见，我们将其记作 $\log n$。

类似地，可以定义 0 到 1 间实数 $r \in [0,1]$ 的二进制表示，并对应于无穷 0-1 序列。每个 0-1 序列 $Z \in 2^\omega$ 对应于一个二进制表示的小数 $0.Z = \sum_{i \in Z} 2^{-(i+1)}$。例如，$0.1000\cdots = 0.0111\cdots = 1/2$。同样，为避免歧义，我们只取含有无穷多 0 的序列作为 $[0,1]$ 中实数的二进制表示。

像 $1/2$ 这类可以表示成 $z \cdot 2^{-n}$（$z \in \mathbb{Z}$，$n \in \mathbb{N}$）的实数又称作**二进有理数**（dyadic rational）。只有二进有理数对应的二进制表示的小数会出现上述“歧义”，根据上述原则，每个 $(0,1)$ 中的二进有理数都可以对应于唯一一个以 1 结尾的 0-1 串。例如，$3/8 = 0.011$。容易证明，二进有理数在实数中稠密。因此，当我们希望能行地逼近一个实数时，我们可以只用二进有理数来逼近。

对 $x, y \in 2^{\leq\omega} = 2^{<\omega} \cup 2^{\omega}$，若存在最小的 n，使得 $\sigma(n) \neq \tau(n)$，则称 $x \perp y$。此时，若 $\sigma(n) = 0 < 1 = \tau(n)$，我们就称 σ **在** τ **的左边**，记作 $\sigma <_L \tau$。考虑实数 $r_1, r_2 \in [0,1]$，令 Z_1, Z_2 分别是它们的二进制表示，则 $r_1 < r_2$ 当且仅当 $Z_1 <_L Z_2$。

康托空间及其子集

在 2^{ω} 上有一个自然的拓扑空间。对任意字符串 $\sigma \in 2^{<\omega}$，定义**柱集** $[\sigma] = \{Z \in 2^{\omega} : Z \succ \sigma\}$。注意：对任意 σ，τ，要么 $[\sigma] \cap [\tau] = \emptyset$（此时 $\sigma \perp \tau$），要么 $[\sigma] \cap [\tau] = [\sigma]$（此时 $\tau \preceq \sigma$）或 $= [\tau]$（此时 $\sigma \preceq \tau$）。因此，$\mathcal{B} = \{[\sigma] : \sigma \in 2^{<\omega}\}$ 构成了 2^{ω} 上的一个可数的拓扑基，由此生成的拓扑空间就称作**康托尔空间**。其中，我们称 $U \subset 2^{\omega}$ 是一个**开集**（或 $\boldsymbol{\Sigma}_1^0$ 集），当且仅当存在 $\mathcal{U} \subset \mathcal{B}$，使得 $U = \bigcup \mathcal{U}$。令 $E \subset 2^{<\omega}$，定义

$$[E]^{\prec} = \bigcup \{[\sigma] : \sigma \in E\} = \{Z \in 2^{\omega} : \exists \sigma \in E (Z \succ \sigma)\}。$$

U 是开集亦等价于存在无前束的（参见定义5.2.14）$E \subset 2^{<\omega}$，使得 $U = [E]^{\prec}$（参见习题5.1）。

我们称 $P \subset 2^{\omega}$ 是一个**闭集**（或 $\boldsymbol{\Pi}_1^0$ 集），当且仅当它的补集 $2^{\omega} \setminus P$ 是一个开集。类似于对自然数集的算术分层（参见3.3节），我们还可以继续定义更复杂的无穷 0-1 序列集。例如，定义 $\boldsymbol{\Sigma}_2^0$ 集为任意 $\boldsymbol{\Pi}_1^0$ 集族的并，由此形成波莱尔集分层（Borel hierarchy）。本书接下来的内容不会涉及更复杂的集合，感兴趣的读者可以参考描述集合论的有关介绍。

可以证明，康托尔空间中每个柱集 $[\sigma]$ 都是即开又闭的，并且 $|[\sigma]| = |2^{\omega}|$，因而康托尔空间是完美的。还可以证明，康托尔空间和每个柱集都是紧致的，即每个其上的开覆盖都存在一个有穷的子覆盖。①

在康托尔空间上有一个自然的测度。对字符串 σ，可以定义 $[\sigma]$ 的测度 $\lambda([\sigma]) = 2^{-|\sigma|}$，其中 $\lambda(2^{\omega}) = \lambda([\emptyset]) = 1$。对任意开集 $U = [E]^{\prec}$，其中 E 是无前束字符串集，定义 $\lambda(U) = \sum_{\sigma \in E} \lambda([\sigma])$，其中 $\lambda(\emptyset) = 0$。可以证明，$\lambda(U)$ 的定义对无前束字符串 E 的选取独立（参见习题5.2），因而是良定义的。我们还可以定义一个闭集 $2^{\omega} \setminus U$ 的测度为 $1 - \lambda(U)$。理想的情况是，我们

① 给定 $A \subset 2^{\omega}$。我们称开集族 $\mathcal{U}$ 是 A 的一个**开覆盖**，当且仅当 $A \subset \bigcup \mathcal{U}$。

可以为所有 2^ω 的子集定义测度，并满足单调性、可数可加性、平移不变性等条件。然而在集合论 ZFC 公理系统中可以证明不存在这样的测度。另一方面，我们可以只考虑部分常见集合的测度。例如，本书所涉及的开集、闭集乃至所有的波莱尔集。

5.2　基于不可压缩性的刻画

数据压缩是被广泛使用的计算机技术。通过压缩，人们可以用更少的资源来存储或传递有关信息。另一方面，字符串的可压缩性也被用来度量该字符串所含信息的量。例如，在我们的宇宙中，恐怕没有什么物理手段能够直接写下字符串

$$1\underbrace{0\cdots0}_{10^{1000}\text{个}}1, \tag{5.1}$$

但其所含的信息却非常有限。事实上，在(5.1)中使用了很少的字符就形成了对它的一个描述，也就是对该字符串的一个压缩。显然，容易被压缩的字符串不会被认为是足够随机的。柯尔莫哥洛夫（Kolmogorov, 1963）给出了对 0-1 串可压缩性的一个严格刻画。

5.2.1　柯尔莫哥洛夫复杂度

我们可以把一个以 0-1 串为输入和（可能的）输出的图灵机（或部分递归函数）$M: 2^{<\omega} \to 2^{<\omega}$ 看作是一个**解压缩程序**。对任意 0-1 串 σ 和 τ，如果 $M(\sigma) = \tau$，则称 σ 是 τ 的一个M **描述**，即 M 将 σ 还原为 τ。

定义　5.2.1（柯尔莫哥洛夫复杂度）　给定解压缩程序 $M: 2^{<\omega} \to 2^{<\omega}$，我们定义 0-1 串 τ **在** M **下的柯尔莫哥洛夫复杂度**为

$$C_M(\tau) = \min\{|\sigma| : M(\sigma) = \tau\},$$

即被解压缩后能够还原为 τ 的最短的 0-1 串 σ 的长度。

注意：一般规定 $\min\emptyset = \infty$。因此，如果没有任何字符串经 M 解压后能够得到 τ，那么，τ 在 M 下的柯尔莫哥洛夫复杂度 $C_M(\tau) = \infty$。显然，

上述定义的复杂度依赖于解压缩程序的选择。为了得到更一般的刻画，我们需要引入所谓的通用解压缩程序。

定义 5.2.2 我们称 $U : 2^{<\omega} \to 2^{<\omega}$ 是**通用程序**，当且仅当对任意程序 $M : 2^{<\omega} \to 2^{<\omega}$ 都存在固定的 0-1 串 ρ_M，使得对任意 0-1 串 σ，都有

$$U(\rho_M \sigma) = M(\sigma)。$$

此时，我们称 ρ_M 是 M 的**编码串**，$|\rho_M|$ 是 M 在 U 中的**编码常量**。

一个通用程序 U 在下述意义上是最优的。对任意可能的程序 $M : 2^{<\omega} \to 2^{<\omega}$ 都存在其编码常量 c_M，使得

$$\forall\tau\forall\sigma\big[M(\sigma) = \tau \to \exists\theta\big(U(\theta) = \tau \wedge |\theta| \leq |\sigma| + c_M\big)\big]。$$

即存在一个常量 c_M，使得对任意字符串 τ，都有

$$C_U(\tau) \leq C_M(\tau) + c_M。$$

类似于在定理1.4.18中对通用函数的构造，我们可以利用对所有程序（图灵机）的枚举 $\{\Phi_e : e \in \mathbb{N}\}$ 来构造通用解压缩程序。例如，可以编写程序 U，对任意 $e \in \mathbb{N}$、任意 0-1 串 σ，满足

$$U(\underbrace{0\cdots0}_{e\text{个}}1\sigma) = \Phi_e(\sigma)。$$

注意：任意字符串都可以写成 $0^e1\sigma$ 的形式（e 可能是 0），并且可以编写程序从中还原出 e（从左向右读到第一个 1 后，数之前经过的 0 的个数）和 σ（第一个 1 之后的字符串）。显然，U 是一个通用程序。此时，0^e1 是 Φ_e 的编码串，而 Φ_e 的编码常量是 $e+1$。具有类似功能的通用程序并非唯一，它们之间编码常量的差别不超过一个常数。因此，在下面的讨论中，我们不妨固定一个具体的通用程序 U。

定义 5.2.3 对任意 0-1 串 τ，定义 τ 的**柯尔莫哥洛夫复杂度**为

$$C(\tau) = C_U(\tau)。$$

考虑到存在计算等同函数的程序 $M(\sigma)=\sigma$, U 的值域包含全部 0-1 串，因此，函数 C 在所有 0-1 串上都有自然数值。下述事实表明，柯尔莫哥洛夫复杂度的确符合我们对字符串所含信息度量的基本直观。

命题 5.2.4　存在常量 c_1, c_2, c_3，使得对任意字符串 τ，都有

(1) $C(\tau) \leq |\tau| + c_1$；

(2) $C(\tau\tau) \leq C(\tau) + c_2$；

(3) $C\big(h(\tau)\big) \leq C(\tau) + c_3$，其中 $h: 2^{<\omega} \to 2^{<\omega}$ 是一个部分递归函数。

证明　(1) 令 $c_1 = c_{\mathrm{id}}$ 是某个计算等同函数的程序 M 的编码常量，则 $C(\tau) = C_U(\tau) \leq C_M(\tau) + c_1 = |\tau| + c_1$。

(2) 是 (3) 的直接推论。我们来证明 (3)。

考虑程序 M，满足对任意 σ，有

$$M(\sigma) = h(U(\sigma))。$$

如果 U 可以把字符串 σ 解压成 τ，即 $U(\sigma)=\tau$，那么 M 就可以把 σ 解压成 $h(\tau)$（如果 $h(\tau)$ 有定义的话），即 $M(\sigma)=h(\tau)$。因此，对 $h(\tau)$ 的任何一个 M 描述（如 σ），都存在一个同样长甚至更短的 τ 的 U 描述（至少 σ 本身就是），即 $C_M\big(h(\tau)\big) \leq C(\tau)$。令 c_3 是 M 的编码常量，则

$$C\big(h(\tau)\big) \leq C_M\big(h(\tau)\big) + c_3 \leq C(\tau) + c_3。 \qquad \square$$

命题5.2.4 (1) 给出了柯尔莫哥洛夫复杂度的一个上限。由此我们可以定义对 C 函数“自上而下”的一个能行的逼近。对字符串 $\tau \in 2^{<\omega}$、自然数 $s \in \mathbb{N}$，定义

$$C_s(\tau) = \begin{cases} \min\big\{|\sigma| : U_s(\sigma)\downarrow = \tau\big\}, & \text{若存在这样的 } \sigma \text{ 且 } |\sigma| < |\tau| + c_{\mathrm{id}}; \\ |\tau| + c_{\mathrm{id}}, & \text{否则。} \end{cases} \tag{5.2}$$

显然，$(s,\tau) \mapsto C_s(\tau)$ 是一个递归的映射，$C(\tau) \leq C_{s+1}(\tau) \leq C_s(\tau)$，并且 $C(\tau) = \lim_{s\to\infty} C_s(\tau)$。

在本章中，我们有时也会使用 $C_M(n)$ 或 $C(n)$ 这样的记法，其中 n 是一个自然数。此时，我们将 n 看作它的二进制表示。结合等同映射可以得到一个自然数的柯尔莫哥洛夫复杂度上限：存在常量 c，使得对任意自然数 n，有

$$C(n) \leq \log n + c。$$

在一些情况下，我们也会使用 $C(\sigma, \tau)$ 表示 0-1 串有序对 $\langle \sigma, \tau \rangle$ 的复杂度 $C(\langle \sigma, \tau \rangle)$。具体而言，给定编码字符串有序对的递归双射 $p : 2^{<\omega} \times 2^{<\omega} \to 2^{<\omega}$，定义 $C(\sigma, \tau) = C\big(p(\sigma, \tau)\big)$。可以证明，选择不同的编码函数所导致的不同的复杂度值之间只相差一个常量，可以被忽略。

对 0-1 串 σ，假设 $C(\tau) = n$，那么，总存在最左边的（即 $<_L$ 下最小的）$\sigma \in 2^n$，使得 $U(\sigma) = \tau$，我们将其记作 τ_C^*。直观上它是 τ "最小"的 U 描述。下面的引理表明，每个字符串 τ 和它的复杂度 $C(\tau)$ 中所蕴含的信息并不比 τ_C^* 中的更多。

命题 5.2.5 存在常量 c，对任意 0-1 串 τ，有

$$C\big(\tau, C(\tau)\big) \leq C(\tau_C^*) + c 。$$

证明 考虑部分递归函数 h：

$$h(\sigma) = \langle U(\sigma), |\sigma| \rangle。$$

对任意字符串 τ，都有 $h(\tau_C^*) = \langle \tau, |\tau_C^*| \rangle = \langle \tau, C(\tau) \rangle$。又由于存在常量 c，使得对任意 σ 有 $C(h(\sigma)) \leq C(\sigma) + c$。因而，对任意 τ，都有 $C\big(\tau, C(\tau)\big) = C(h(\tau_C^*)) \leq C(\tau_C^*) + c$。 □

有穷字符串的复杂性严重依赖于解压缩程序的选择，但在给定的通用程序下，我们还是可以定义关于有穷字符串的某种相应的随机性质。

定义 5.2.6 令 $d \in \mathbb{N}$ 是一个常量。我们称 0-1 串 τ 是 d-C-随机的，当且仅当

$$C(\tau) \geq |\tau| - d。$$

可以证明，存在相当数量的随机字符串。

引理 5.2.7

(1) 对任意自然数 n，存在字符串 τ，满足 $|\tau| = n$ 且 $C(\tau) \geq n$。

(2) 给定 $d \in \mathbb{N}$。对任意 $n \in N$，存在至少 $2^n - 2^{n-d} + 1$ 个长度为 n 的 d-C-随机字符串。

证明 (1) 长度为 n 的字符串有 2^n 个，而长度小于 n 的字符串有 $2^0 + \cdots + 2^{n-1} = 2^n - 1$ 个。因此，总有长度为 n 的字符串没有对应的长度小于 n 的描述。

(2) 长度小于 $(n-d)$ 的候选描述一共有 $2^{n-d} - 1$ 个。因此，长度为 n 的字符串中至少有 $2^n - (2^{n-d} - 1)$ 个是 d-C-随机的。 □

例 5.2.8 我们称字符串 σ 是**半随机的**，当且仅当其最小描述的长度 $\geq \frac{|\sigma|}{2}$。根据引理5.2.7，对任意自然数 n，长度为 n 的半随机字符串的个数超出 $2^n(1 - 2^{-\frac{n}{2}})$。也就是说，当 n 越来越大的时候，几乎所有或更准确地说，占比 $(1 - 2^{-\frac{n}{2}})$ 的长度为 n 的字符串都是半随机的。

柯尔莫哥洛夫复杂度关于字符串不可压缩性的刻画也有与我们的直观不相符的地方。直观上我们认为字符串 $\sigma\tau$ 所含的信息量不应超过 σ 和 τ 的信息量之和，从后者似乎很容易得到前者。因此，我们希望存在常量 c，使得对任意字符串 σ, τ，都有 $C(\sigma\tau) \leq C(\sigma) + C(\tau) + c$。但是，定理5.2.10表明之前定义的柯尔莫哥洛夫复杂度并不满足这一点。为此，我们先证明下面的引理。

引理 5.2.9 存在常量 $c_M \in \mathbb{N}$，对任意 $k \in \mathbb{N}$、任意足够长的字符串 μ（更准确地说，我们要求其长度不小于 $2^{k+c_M+1} + k + c_M + 1$），都存在 $\sigma \prec \mu$，使得 $C(\sigma) < |\sigma| - k$。

证明 考虑程序 M：输入任意字符串 ρ，

$$M(\rho) = \nu\rho。$$

其中，ν 是 $|\rho|$ 的二进制表达。

注意：每个 $\sigma \in \operatorname{ran} M$ 都可以写成某对字符串的首尾连接 $\nu\rho$，使得

$$C(\sigma) \leq C_M(\sigma) + c_M = |\rho| + c_M = |\sigma| - |\nu| + c_M。$$

给定 $k \in \mathbb{N}$ 和足够长的字符串 μ（$|\mu| \geq 2^{k+c_M+1} + k + c_M + 1$）。令 $\nu = \mu \upharpoonright (k+c_M+1)$（即取 ν 是 μ 的 $k+c_M+1$ 长的前段），令 n 是 ν 二进制表示的自然数，则 $n \in [2^{k+c_M}, 2^{k+c_M+1})$。令 $\rho = \mu \upharpoonright [k+c_M+1, k+c_M+1+n)$（即 μ 中接着 ν 后的长度为 n 的一段字符串）。由于 $n < 2^{k+c_M+1}$ 且 μ 足够长，ρ 的定义是可行的。最后，令 $\sigma = \nu\rho$，则 $|\sigma| < k + c_M + 1 + 2^{k+c_M+1}$，因而 $\sigma \prec \mu$，并且

$$C(\sigma) \leq |\sigma| - |\mu| + c_M = |\sigma| - (k + c_M + 1) + c_M < |\sigma| - k。 \qquad \square$$

这个证明的诀窍在于我们可以构造程序，从每个字符串 ρ 中获取其长度信息 ν，并将其连接成相对于其长度所含信息很少的字符串 $\nu\rho$。由此我们可以将足够长的字符串 μ 拆成含有很少信息的字符串 σ 和剩下的字符串的首尾连接。

定理 5.2.10 对任意 $d \in \mathbb{N}$，存在足够长的字符串 μ（$|\mu| \geq 2^{d+c_{\mathrm{id}}+c_M+1} + d + c_{\mathrm{id}} + c_M + 1$，其中，$c_M$ 是引理5.2.9中的常量，c_{id} 是某个等同映射程序的编码常量），使得 $C(\mu) \geq |\mu|$，并且对所有这样的 μ，存在 $\sigma \prec \mu$，使得 $\mu = \sigma\tau$，且

$$C(\mu) > C(\sigma) + C(\tau) + d。$$

证明 给定 d。令 $k = d + c_{\mathrm{id}}$。根据引理5.2.7 (1)，存在 μ，满足 $|\mu| \geq 2^{k+c_M+1} + k + c_M + 1$，并且 $C(\mu) \geq |\mu|$。

给定这样的 μ。根据引理5.2.9，存在 $\sigma \prec \mu$，使得 $C(\sigma) < |\sigma| - k$。令 $\mu = \sigma\tau$。注意：任何字符串 τ 都满足 $C(\tau) \leq |\tau| + c_{\mathrm{id}}$。因此，

$$\begin{aligned} C(\mu) \geq |\mu| &= |\sigma| + |\tau| \geq |\sigma| + C(\tau) - c_{\mathrm{id}} \\ &> C(\sigma) + C(\tau) - c_{\mathrm{id}} + k = C(\sigma) + C(\tau) + d。 \end{aligned} \qquad \square$$

上述定理所展示的有些违背直觉的情况之所以可能，是因为我们在还原 σ 的时候类似作弊地使用了它的一个子字符串 ρ 的长度信息 $|\rho|$，并将两

者连接成 σ。而在试图还原 μ 的时候，我们并不能从 μ 的两个子段 σ 和 τ 的描述 ρ 和 τ 的首尾连接 $\mu^*=\rho\tau$ 中读取必要的信息，因为我们并不知道应该在哪里截断 μ^*。更一般地，柯尔莫哥洛夫复杂度不满足可加性，即不存在常量 c，使得

$$C(\sigma,\tau)\leq C(\sigma)+C(\tau)+c \tag{5.3}$$

总成立。令 σ_C^* 和 τ_C^* 分别是 σ 和 τ 的最短描述，则 $C(\sigma)+C(\tau)=|\sigma_C^*\tau_C^*|$。但不存在统一的方法告诉我们“$\sigma_C^*\tau_C^*$”中的 σ_C^* 在哪里结束。

下面，我们将(5.3)中的要求稍微放宽，以得到一个首尾连接的字符串相对于其子字符串的柯尔莫哥洛夫复杂度上限。

命题 5.2.11　*存在常量 c_1，c_2，使得对任意字符串 σ，τ，有*

$$C(\sigma\tau)\leq C(\sigma,\tau)+c_1\leq C(\sigma)+C(\tau)+2\log C(\sigma)+c_2。$$

证明　$C(\sigma\tau)\leq C(\sigma,\tau)+c$ 的证明只需要用到将两个字符串首尾连接的程序即可。

为了证明 $C(\sigma,\tau)\leq C(\sigma)+C(\tau)+2\log C(\sigma)+c$，我们首先要编码 σ_C^* 的长度，即 $C(\sigma)$，由此我们可以知道 σ_C^* 到哪里结束。令 ρ 是 $C(\sigma)$ 的二进制表示，则 $|\rho|=\log C(\sigma)$。注意：我们不能直接把 $\rho\sigma_C^*\tau_C^*$ 作为描述，因为我们仍然不知道 ρ 在哪里结束。

令 $\bar{\rho}=\rho_0\rho_0\cdots\rho_{|\rho|-1}\rho_{|\rho|-1}01$，即将 ρ 中每个字符重复一次，并以 01 结尾（首次 0 和 1 不成对出现）标志该段信息的结束。那么，$|\bar{\rho}|=2\log C(\sigma)+1$。

考虑程序 M：输入 μ 时，试图搜索第一个形如 $\bar{\rho}$ 的前段，并由此得到 ρ 表示的自然数 n。取 $\mu\upharpoonright[|\bar{\rho}|,|\bar{\rho}|+n)$，并调用通用程序计算 $\sigma=U\big(\mu\upharpoonright[|\bar{\rho}|,|\bar{\rho}|+n)\big)$，取 μ 中剩下的部分计算 $\tau=U\big(\mu\upharpoonright(|\bar{\rho}|+n,|\mu|)\big)$。输出 $\langle\sigma,\tau\rangle$。

容易验证，若 ρ 表示自然数 $|\sigma_C^*|$，则 $M(\bar{\rho}\sigma_C^*\tau_C^*)=\langle\sigma,\tau\rangle$。因此，$C(\sigma,\tau)\leq|\bar{\rho}|+|\sigma_C^*|+|\tau_C^*|+c_M=C(\sigma)+C(\tau)+2\log C(\sigma)+c_M$。 □

这个证明的关键是使用 $\bar{\rho}$ 来记录 ρ 所含的信息，以及它在一段字符串中的完结位置。利用类似的方法，我们可以定义相对复杂性（conditional complexity）。

定义 5.2.12 对字符串 σ，τ，定义 σ **相对于** τ **的柯尔莫哥洛夫复杂度**

$$C(\sigma|\tau)=\min\left\{|\mu|:U^{\bar{\tau}}(\mu)=\sigma\right\}。$$

其中 $U^{\bar{\tau}}$ 表示把有穷字符串 $\bar{\tau}$ 作为信息源的图灵机。读者可以回顾本书在107页对有穷信息源的定义。我们之所以用 $\bar{\tau}$ 而不是直接用 τ 作为信息源，是因为 $\bar{\tau}$ 可以告诉我们在一条无穷长的纸带上有效的信息源在哪里结束。例如，我们希望每个字符串相对于自身的复杂度是一个常量，但

$$\min\{|\mu|:U^{\sigma}(\mu)=\sigma\}$$

却是随着 σ 的增长而无界的。因为我们需要描述 μ 告诉我们 σ 是纸带上的前几位。

命题 5.2.13 存在常量 c_1，c_2，使得对任意字符串 σ，有 $C(\sigma_C^*|\sigma)\leq C\big(C(\sigma)|\sigma\big)+c_1$，而 $C\big(C(\sigma)|\sigma\big)\leq C(\sigma_C^*|\sigma)+c_2$。

证明 留作习题5.3。 □

5.2.2 无前束程序

列文在他的博士论文（Levin, 1971）中首次提出了无前束程序，基于无前束程序刻画的复杂度克服了柯尔莫哥洛夫复杂度定义中的一些缺陷。

定义 5.2.14 我们称集合 $A\subset 2^{<\omega}$ 是**无前束的**，当且仅当 A 中的任何字符串都不是 A 中其他字符串的前段，即：对任意 σ，$\tau\in A$，若 $\sigma\neq\tau$，则 $\sigma\perp\tau$。

例 5.2.15 下列集合是无前束的。

(1) 见图5.2 (1)。

(2) 见图5.2 (2)。

(3) $\left\{\bar{\tau}:\tau\in 2^{<\omega}\right\}$。

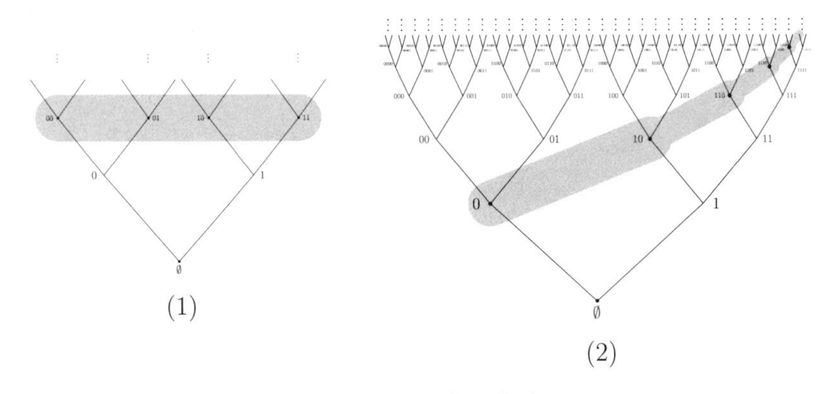

(1) (2)

图 5.2 无前束的集合

定义 5.2.16 我们称一个程序 / 图灵机 / 部分函数 M 是**无前束的**，当且仅当它的定义域 $\{\sigma : M(\sigma)\downarrow\}$ 是无前束的字符串集合。

假设 M 是无前束程序，对任意无穷 0-1 序列 Z，至多存在一个 $\sigma \prec Z$，使得 $M(\sigma)$ 停机。此外，不存在无前束程序能够返回每个字符串的长度，但是存在无前束程序 M，使得对任意字符串 τ 都有 $M(\bar{\tau}) = |\tau|$。

为了得到类似柯尔莫哥洛夫复杂度的复杂度函数，我们需要证明存在通用无前束程序。为此，我们希望存在对所有无前束程序的能行枚举。

引理 5.2.17 存在对所有无前束程序 / 图灵机 / 部分递归函数的能行枚举，因而存在通用无前束程序。

证明 令 $\Phi_0, \Phi_1, \cdots$ 是对所有程序的枚举。我们希望统一地改造这些程序，以得到对所有无前束程序的枚举 $\Phi_{f(0)}, \Phi_{f(1)}, \cdots$，其中 f 是一个递归函数，代表对源程序的统一改造。我们仅直观地描述对每个程序所做的统一改造。

固定一个 $2^{<\omega} \times \mathbb{N} = \{\langle \tau, s\rangle : \sigma \in 2^{<\omega} \wedge s \in \mathbb{N}\}$ 的能行排序 $\{\langle \tau_i, s_i\rangle : i \in \mathbb{N}\}$。$\Phi_{f(e)}$ 程序在输入 σ 时执行下述操作：它依次执行 $\Phi_{e,s_0}(\tau_0)$，$\Phi_{e,s_1}(\tau_1)$ ……如果某个 $\Phi_{e,s_i}(\tau_i)\downarrow$，先记录下此次停机事件，而如果这次停机的 $\tau_i = \sigma$，则检查之前的停机事件。如果曾有 $\Phi_{e,s_j}(\tau_j)\downarrow$，$j < i$，且 $\tau_j \prec \sigma$ 或 $\sigma \prec \tau_j$，则继续运行下去，否则停机并输出 $\Phi_e(\sigma)$。

直观上改造后的 $\Phi_{f(e)}$ 在输出端为 Φ_e 添加了一个“过滤器”，以确保其定义域是无前束的。此外，如果 Φ_e 本身就是无前束程序，那么 $\Phi_{f(e)}$ 与 Φ_e 等效。因此，$\{\Phi_{f(e)} : e \in \mathbb{N}\}$ 的确是对所有无前束程序 的一个能行枚举。

不妨令 $\Psi_e = \Phi_{f(e)}$（$e \in \mathbb{N}$）。考虑程序 U，使得

$$U(\underbrace{1\cdots1}_{e个}0\sigma) = \Psi_e(\sigma),$$

则 U 是一个无前束程序，并且 U 在下述意义上是通用的：对任何无前束程序 Ψ_e，存在一个编码串 $\rho_e = 1^e0$，使得对任意 $\sigma \in 2^{<\omega}$ 都有 $U(\rho_e\sigma) = \Psi_e(\sigma)$。 □

下面，我们固定一个通用无前束程序，并用 U^{pf} 表示。

定义 5.2.18（无前束柯尔莫哥洛夫复杂度） 对任意字符串 σ，定义 σ 的**无前束柯尔莫哥洛夫复杂度**为

$$K(\sigma) = K_{U^{\mathrm{pf}}}(\sigma) = C_{U^{\mathrm{pf}}}(\sigma)。$$

类似地，我们也可以定义 τ **相对于** σ **的无前束柯尔莫哥洛夫复杂度**为

$$K(\tau|\sigma) = \min\left\{|\mu| : (U^{\mathrm{pf}})^{\bar{\sigma}}(\mu) = \tau\right\}。$$

在上述定义中，U^{pf} 是通用无前束程序。当 M 是无前束程序时，我们往往使用 $K_M(\sigma)$ 代替 $C_M(\sigma)$，以强调该解压缩程序是无前束的。

同样类似地，对每个字符串 σ，我们定义 σ^* 为它最小的无前束描述，即：最左边的 τ 满足

$$U^{\mathrm{pf}}(\tau) = \sigma \text{ 且 } |\tau| = K(\sigma)。$$

显然无前束柯尔莫哥洛夫复杂度的估值更为保守，对任何字符串 σ，$C(\sigma) \leq K(\sigma)$。但下面的命题表明，无前束柯尔莫哥洛夫复杂度的估值不会过于糟糕。

命题 5.2.19 如果 $h : 2^{<\omega} \to 2^{<\omega}$，那么，存在常量 c 对任意字符串 σ，有 $K\big(h(\sigma)\big) \leq K(\sigma) + c$。

证明　该证明与柯尔莫哥洛夫复杂度的基本情况类似，留作习题5.4。 □

由于 $\bar{\sigma} \mapsto \sigma$ 是无前束的部分递归函数，由此可以得到无前束柯尔莫哥洛夫复杂度一个较粗略的上界。

命题 5.2.20　*存在常量 c，对任意字符串 σ，有*

$$K(\sigma) \leq 2|\sigma| + c。$$

证明　留作习题5.4。 □

利用无前束柯尔莫哥洛夫复杂度的上界，我们可以类似(5.4)地定义对无前束柯尔莫哥洛夫复杂度“自上而下”的能行逼近。

$$K_s(\sigma) = \begin{cases} \min\left\{|\tau| : U^{\mathrm{pf}}{}_s(\tau)\downarrow = \sigma\right\}, & \text{若存在这样的 } \tau \text{ 且 } |\tau| < 2|\sigma| + c; \\ 2|\sigma| + c, & \text{否则。} \end{cases} \tag{5.4}$$

类似地，我们有 $(s, \sigma) \mapsto K_s(\sigma)$ 的映射是递归的，$K(\sigma) \leq K_{s+1}(\sigma) \leq K_s(\sigma)$，以及 $K(\sigma) = \lim_{s\to\infty} K_s(\sigma)$。

更细致的分析可以让我们得到无前束柯尔莫哥洛夫复杂度更贴切的上界。

命题 5.2.21　*存在常量 $c_1, c_2 \in \mathbb{N}$，对任意字符串 σ，都有*

$$K(\sigma) \leq K(|\sigma|) + |\sigma| + c_1 \leq 2\log|\sigma| + |\sigma| + c_2。$$

证明　考虑程序 M：当输入 τ 时，M 搜索 τ 的满足下列要求的子串 (ν, ρ) 组合：$\tau = \nu\rho$，$U^{\mathrm{pf}}(\nu)$ 表示自然数 n，并且 $|\rho| = n$。如果找到了这样的组合，停机并输出 ρ。

注意：对每个 μ，满足上述条件的组合至多有一对。由于 U^{pf} 是无前束的，M 也是无前束的。

给定 σ。令 $|\sigma|^*$ 是最小的 ν，使得 $U^{\mathrm{pf}}(\nu)$ 表示 $|\sigma|$，则 $M(|\sigma|^*\sigma) = \sigma$。因此，

$$K(\sigma) \leq K_M(\sigma) + c_M = K(|\sigma|) + |\sigma| + c_M,$$

表示 $|\sigma|$ 的字符串的长度是 $\log|\sigma|$。再根据命题5.2.19，存在常量 c 使得 $K(\sigma)\leq 2\log|\sigma|+|\sigma|+c$ 对所有字符串 σ 成立。 □

另一方面，我们可以证明下面的命题。

命题 5.2.22 对任意自然数 d 存在字符串 σ，它的无前束柯尔莫哥洛夫复杂度

$$K(\sigma)>|\sigma|+\log|\sigma|+d。$$

证明 假设存在常量 d，对任意字符串 σ，都有 $K(\sigma)\leq|\sigma|+\log|\sigma|+d$。那么，

$$\begin{aligned}\sum_{\sigma\in 2^{<\omega}}2^{-K(\sigma)}&\geq\sum_{\sigma\in 2^{<\omega}}2^{-(|\sigma|+\log|\sigma|+d)}\\&=\sum_{n=1}^{\infty}2^{n}\cdot 2^{-(n+\log n+d)}\\&=\sum_{n=1}^{\infty}2^{-\log n-d}\\&=2^{-d}\cdot\sum_{n=1}^{\infty}\frac{1}{n}\\&=\infty。\end{aligned}$$

另一方面，对每个字符串 σ，都至少存在一个 $\tau\in\operatorname{dom}U^{\mathrm{pf}}$，且 $|\tau|=K(\sigma)$。又由于 U^{pf} 的定义域 $\operatorname{dom}U^{\mathrm{pf}}$ 是一个无前束集合，因此，

$$\sum_{\sigma\in 2^{<\omega}}2^{-K(\sigma)}\leq\sum_{\tau\in\operatorname{dom}U^{\mathrm{pf}}}2^{-|\tau|}=\lambda([\![\operatorname{dom}U^{\mathrm{pf}}]\!]^{\prec})\leq 1。$$

矛盾。 □

由此可见，命题5.2.21给出了尽可能小的上界。

上述证明中出现的实数 $\lambda([\![\operatorname{dom}U^{\mathrm{pf}}]\!]^{\prec})$ 可以被视作通用无前束程序 U^{pf} 的停机概率，它又被称作**柴廷数**，并被记作 Ω。它将是我们遇到的第一个具体的随机数。一般地，对任意无前束程序 M，定义 M 的停机概率 $\Omega_M=$

$\lambda(\llbracket \mathrm{dom}\, M \rrbracket^{\prec})$。显然，$\Omega_M \leq 1$。反过来可以证明，如果不对解压缩能力作超出这个上限的要求（要求过短的描述），那么，总存在满足相应要求的无前束程序。

定义 5.2.23 令 $\{\langle d_i, \tau_i \rangle : i \in \mathbb{N}\}$ 是递归的序列，其中每个 $d_i \in \mathbb{N}$，$\tau_i \in 2^{<\omega}$。若 $\sum_{i \in \mathbb{N}} 2^{-d_i} \leq 1$，则称 $\{\langle d_i, \tau_i \rangle : i \in \mathbb{N}\}$ 是一个**请求序列**。

从直观上说，请求序列 $\{\langle d_i, \tau_i \rangle : i \in \mathbb{N}\}$ 要求为每个字符串 τ_i 找到长度不超过 d_i 的描述。显然如果 $\sum_{i \in \mathbb{N}} 2^{-d_i} > 1$，就不存在无前束程序满足这样的请求。

引理 5.2.24（列文-施诺尔-柴廷） 任给请求序列 $\{\langle d_i, \tau_i \rangle : i \in \mathbb{N}\}$，存在满足该请求序列的无前束程序 M，即：存在无前束集合 $\{\sigma_i : i < \mathbb{N}\} = \mathrm{dom}\, M$，且对 $i \in \mathbb{N}$ 有 $M(\sigma_i) = \tau_i$，$|\sigma_i| = d_i$。

此外，上述程序 M 可以能行地从请求序列（作为递归序列的某个编码）得到。

需要构造的无前束程序所做的工作即为每个字符串 τ_i 找到长度为 d_i 的描述。这类似于分配（二进制的）电话号码。注意：电话号码必须是彼此不相容的。假设第一个用户请求 3 位数的电话号码，系统自动分配号码 000（为方便起见不允许自选号码），此时剩下可选的号码必须是以 1，01 或 001 开头的。假设第二个用户请求 2 位数的电话号码，系统可以直接把 01 分配给这位用户（注意：系统总是选择最“小”的可选号码），而剩下可分配的号码都是以 1 或 001 开头的。此时第三个用户也要求 2 位数的电话号码，系统只能动用以 1 开头的号码库，把其中的 10 分配给这位用户。而此时剩下的可选号码只有以 11 或 001 开头的了。在下面的证明中，我们将这个过程以更一般的方式刻画出来。

证明 给定请求序列 $\{\langle d_i, \tau_i \rangle : i \in \mathbb{N}\}$。我们只需找到递归可枚举的无前束集合 $\{\sigma_i : i < \mathbb{N}\}$ 且满足 $|\sigma_i| = d_i$（$i \in \mathbb{N}$）就可以了。

对第一个请求 $\langle d_0, \tau_0 \rangle$，令 $\sigma_0 = 0^{d_0}$。此时，记录剩余可选号码库：令 $\rho^0_m = 0^m 1$（$m < d_0$），则剩余可选号码分别属于以 ρ^0_m（$m < d_0$）开头的 d_0 个号码库。注意：$|\rho^0_m| = m + 1$。我们不妨称以 ρ^0_m 开头的号码库的**份量**是

$2^{-|\rho_m^0|}=2^{-(m+1)}$。那么，对每个 $m<d_0$，我们有份量为 $2^{-(m+1)}$ 的号码库各一个。我们用序列 $x^0=\langle x_m^0:m\in\mathbb{N}\rangle$ 记录这件事，其中，

$$x_m^0=\begin{cases}1, & \text{若 } m<d_0, \\ 0, & \text{否则。}\end{cases}$$

请留意，接下来我们将保持序列 x^n 中始终仅有有穷个 1，因此，x^n 实际上是有穷字符串。最后，令 $S_0=\{\sigma_0\}\cup\left\{\rho_m^0:x_m^0=1\right\}$。$S_0$ 是无前束的，且 $\lambda([\![S_0]\!]^{\prec})=1$。

当处理请求 $\langle d_{n+1},\tau_{n+1}\rangle$ 时，我们有已完成的描述集 $\{\sigma_0,\cdots,\sigma_n\}$、序列 x^n 记录着对每个 m 是否尚存在份量为 $2^{-(m+1)}$ 的可选号码库、$\left\{\rho_m^n:x_m^n=1\right\}$ 表示每个份量为 $2^{-(m+1)}$ 的可选号码库分别是以字符串 ρ_m^n 开头的。

情况一：$x_{d_{n+1}-1}^n=1$，即存在且仅存在一个份量为 $2^{-d_{n+1}}$ 的完整可选号码库，即以 $\rho_{d_{n+1}-1}^n$ 开头的号码库。此时，直接令 $\sigma_{n+1}=\rho_{d_{n+1}-1}^n$。注意：$|\sigma_{n+1}|=|\rho_{d_{n+1}-1}^n|=d_{n+1}$，满足要求。接下来需要把 $\rho_{d_{n+1}-1}^n$ 从可选号码库中删除。定义序列 x^{n+1} 如下：

$$x_m^{n+1}=\begin{cases}0, & \text{若 } m=d_{n+1}-1, \\ x_m^n, & \text{否则。}\end{cases}$$

其他的可选号码库不变，即：对 $m\in\mathbb{N}$，若 $x_m^{n+1}=1$，则令 $\rho_m^{n+1}=\rho_m^n$。最后，令 $S_{n+1}=\left\{\sigma_i:i\leq n+1\right\}\cup\left\{\rho_m^{n+1}:x_m^{n+1}=1\right\}=S_n$。仍然有 $\lambda([\![S_{n+1}]\!]^{\prec})=1$。

情况二：$x_{d_{n+1}-1}^n=0$，即不存在份量正好是 $2^{-d_{n+1}}$ 的完整可选号码库。此时，我们试图从份量更大的可选号码库中分出所要求的号码。寻找最大的 $j<d_{n+1}-1$，使得 $x_j^n=1$。

容易证明总存在这样的 j。否则，对任意 $m<d_{n+1}$，都有 $x_m^n=0$。此时，$S_n=\left\{\sigma_i:i\leq n\right\}\cup\left\{\rho_m^n:x_m^n=1\wedge m\geq d_{n+1}\right\}$。注意：只有有穷个

$m \geq d_{n+1}$，使得 $x_m^n = 1$。因此，

$$\begin{aligned}1 = \lambda([\![S_n]\!]^{\prec}) &< \sum_{i \leq n} \lambda([\![\sigma_1]\!]) + \sum_{m \geq d_{n+1}} 2^{-(m+1)} \\ &= \sum_{i \leq n} 2^{-d_i} + \sum_{m \geq d_{n+1}} 2^{-(m+1)} \\ &= \sum_{i \leq n} 2^{-d_i} + 2^{-d_{n+1}} \\ &= \sum_{i \leq n+1} 2^{-d_i} \\ &< \sum_{i \in \mathbb{N}} 2^{-d_i}。\end{aligned}$$

这与 $\{\langle d_i, \tau_i \rangle : i \in \mathbb{N}\}$ 是请求序列相矛盾。

回到对号码的分配。令 $\sigma_{n+1} = \rho_j^n 0^{d_{n+1}-1-j}$，则 $|\sigma_{n+1}| = |\rho_j^n| + d_{n+1} - 1 - j = d_{n+1}$，满足要求。接下来删除已占用的号码库。令 x^{n+1} 为如下序列：

$$x_m^{n+1} = \begin{cases} 0, & 若\ m = j, \\ 1, & 若\ j < m < d_{n+1}, \\ x_m^n, & 否则。\end{cases}$$

同时，令

$$\rho_m^{n+1} = \begin{cases} \rho_j^n 0^{m-j-1} 1, & 若\ j < m < d_{n+1}, \\ \rho_m^n, & 若\ m < j\ 或\ m \geq d_{n+1}\ 且\ x_m^{n+1} = 1。\end{cases}$$

其中，当 $j < m < d_{n+1}$ 时，$|\rho_m^{n+1}| = |\rho_j^n 0^{m-j-1} 1| = (j+1)+(m-j-1)+1 = m+1$。最后，还是令 $S_{n+1} = \{\sigma_i : i \leq n+1\} \cup \{\rho_m^{n+1} : x_m^{n+1} = 1\}$。不难验证，$\lambda([\![S_{n+1}]\!]^{\prec}) = 1$。

以上我们完成了对递归可枚举无前束集合 $\{\sigma_i : i < \mathbb{N}\}$ 的构造。 □

推论 5.2.25 假设存在请求序列 $\{\langle d_i, \tau_i \rangle : i \in \mathbb{N}\}$，则存在常量 $c \in \mathbb{N}$，对 $i \in \mathbb{N}$，有

$$K(\tau_i) \leq d_i + c。$$

5.2.3 1-随机与柴廷数

定义 5.2.26 给定 $d \in \mathbb{N}$。我们称字符串 σ 是 d-K-随机的，当且仅当 $K(\sigma) \geq |\sigma| - d$。

现在我们可以给出关于无穷 0-1 序列随机性概念的第一个刻画。

定义 5.2.27（1-随机性） 我们称无穷 0-1 序列 $Z \in 2^{\omega}$ 是**1-随机的**，当且仅当存在 $d \in \mathbb{N}$，使得 Z 的每个有穷前段都是 d 随机的，即对任意 $n \in \mathbb{N}$，有

$$K(Z \upharpoonright n) \geq n - d。$$

注意：如果在上述定义中使用柯尔莫哥洛夫复杂度 C 代替 K，那么没有任何序列是随机的。根据引理5.2.9，对任意 $d \in \mathbb{N}$，每个 0-1 序列 Z 都有一个前段 $\sigma \prec Z$，使得 $C(\sigma) < |\sigma| - d$。

请回忆，柴廷数 $\Omega = \sum_{\tau \in \operatorname{dom} U^{\mathrm{pf}}} 2^{-|\tau|} = \lambda([\![\operatorname{dom} U^{\mathrm{pf}}]\!]^{\prec})$。当然，柴廷数的具体值取决于通用程序的选取和背后的编码方式，但在算术随机性理论的讨论中，柴廷数的有关性质独立于具体程序和编码方式的选择。下面，我们简要介绍 Ω 的有关性质并证明它是1-随机的。

首先，我们定义对 Ω 的一个"自下而上"的能行逼近。对 $s \in \mathbb{N}$，定义 $\Omega_s = \lambda([\![\{\sigma : {U^{\mathrm{pf}}}_s(\sigma)\downarrow\}]\!]^{\prec})$。注意：类似记法3.2.7中的设定，我们假设只有当 $|\sigma| < s$ 时 $U_s(\sigma)\downarrow$，$\{\sigma : {U^{\mathrm{pf}}}_s(\sigma)\downarrow\}$ 是一个有穷集合，$s \mapsto \Omega_s$ 是递归的。显然对任意 $s \in \mathbb{N}$，$\Omega_s \leq \Omega_{s+1} < \Omega$，并且 $\Omega = \lim_{s \to \infty} \Omega_s$。

我们也可以将 Ω 看作是它的二进制表示。对无穷序列 $Z \in 2^{\omega}$，令 $L(Z) = \{\sigma \in 2^{<\omega} : \sigma <_L Z\}$，即完全二叉树中所有在无穷枝 Z"左侧"的字符串组成的集合。

命题 5.2.28 $L(\Omega)$ 是递归可枚举的。

证明 由于 $\Omega = \lim_{s \to \infty} \Omega_s$，

$$\Omega_0 \leq_L \Omega_1 \leq_L \cdots \leq_L \Omega_s \leq_L \cdots$$

在 Ω"左侧"无界。因而对任意 $\sigma <_L (\Omega)$，存在 Ω_s（不妨设 $s > |\sigma|$），使得 $\sigma <_L \Omega_s$。

令 $A_s = \{\sigma \in 2^{<s} : \sigma <_L \Omega_s\}$。容易证明 $s \mapsto A_s$ 是递归的，且 $L(\Omega) = \bigcup_s A_s$。 □

定义 5.2.29 我们称序列 $Z \in 2^\omega$ 或实数 $r = z.Z$（$z \in \mathbb{Z}$）是**左递归可枚举的**，当且仅当 $L(Z)$ 是递归可枚举的，（当考虑实数时）即小于 r 的二进有理数是递归可枚举的。

我们列举关于左递归可枚举序列的一些事实。

命题 5.2.30 下列命题等价：

(1) Z 是左递归可枚举的；

(2) 存在可计算的序列 $\sigma_0 <_L \sigma_1 <_L \cdots$ 使得 $\lim_n \sigma_n = Z$，即：对任意 $m \in \mathbb{N}$ 存在 σ_n，使得 $\sigma_n \upharpoonright m = A \upharpoonright m$。

证明 留作习题5.6。 □

命题 5.2.31 如果 Z（作为特征函数所对应的集合）是递归可枚举的，那么 Z 是左递归可枚举的。

证明 留作习题5.7。 □

但并非所有左递归可枚举的序列都是递归可枚举的。我们可以利用对角线法，构造一个与所有递归可枚举的序列都不同的左递归可枚举序列。

例 5.2.32 令

$$A_0 = 010101 \cdots 。$$

逐一运行所有 $\Phi_{e,s}(2e+1)$，不妨设对任意 s，只有至多一个满足 $e \leq s$ 的 $\Phi_e(2e+1)$ 得到运行。假设 A_s 已定义。定义 A_{s+1} 如下：如果发现某个 $\Phi_{e,s}(2e+1)$ 首次停机，则令 $A_{s+1}(2e) = 1$，$A_{s+1}(2e+1) = 0$，其余与 A_s 相同：

$$A_s = \cdots 01 \cdots ,$$

$$A_{s+1} = \cdots 10 \cdots 。$$

令 A 是 $\langle A_s : s \in \mathbb{N}\rangle$ 的极限。可以证明 A 是左递归可枚举的，但 A 不是递归可枚举的（留作习题5.8）。

引理 5.2.33 如果 A 是左递归可枚举的，那么 $A \leq_T \emptyset'$。

证明 考虑以 $\emptyset'$ 为信息源的程序：为了判定 $A(n)=0$ 还是 $A(n)=1$，逐个问 $\emptyset'$：那些长度为 $n+1$ 的字符串是否属于递归可枚举集 $L(A)$。如果存在长度为 n 的字符串 τ，使得 $\tau 0 \in L(A)$ 而 $\tau 1 \notin L(A)$，则令 $A(n)=1$。否则，令 $A(n)=0$。 □

事实上，柴廷数与停机问题是图灵等价的。

命题 5.2.34 $\Omega \equiv_T \emptyset'$。

证明 由于 Ω 是左递归可枚举的，根据引理5.2.33，有 $\Omega \leq \emptyset'$。

下面，我们证明 $\emptyset' \leq_T \Omega$。

考虑程序 M：当输入 0^e1 时，运行 $\Phi_e(e)$，若 $\Phi_e(e)$ 停机，则令 $M(0^e1)=\emptyset$。其余情况 M 不停机。因此，$\operatorname{dom} M = \{0^e1 : e \in \emptyset'\}$。$M$ 是无前束程序。

令 ρ 是 M 的编码串，则 $U(\rho 0^e 1) = M(0^e1)$。

要判定是否有 $e \in \emptyset'$，我们只需要知道是否有 $\rho 0^e 1 \in \operatorname{dom} U$。而要判定后者，只需要逐一计算 Ω_s，并问 Ω 是否有 $\Omega - \Omega_s < 2^{-(|\rho|+e+1)}$。总能找到第一个满足的 s，此时若 $U_s(\rho 0^e 1)$ 尚未停机，U 在该输入下将永远不会停机。因此，$U_s(\rho 0^e 1)\downarrow$ 当且仅当 $e \in \emptyset'$。 □

定理 5.2.35（柴廷） Ω 是1-随机的。

证明 我们希望找到一个常量 c，使得对任意 $n \in \mathbb{N}$，有 $K(\Omega \upharpoonright n) \geq n-c$，即：对每个字符串 τ，如果 $|\tau| < n-c$，那么 $U^{\mathrm{pf}}(\tau) \neq \Omega \upharpoonright n$。注意：如果 $U^{\mathrm{pf}}(\tau) = \Omega \upharpoonright n$，那么总存在 s，使得在第 s 步就有 ${U^{\mathrm{pf}}}_s(\tau) = \Omega_s \upharpoonright n = \Omega \upharpoonright n$。为了证明这件事不会在 $|\tau|$ 较短时发生，我们只需证明：每当某个较短的字符串 τ 在 U^{pf} 下停机且 ${U^{\mathrm{pf}}}_s(\tau) = \Omega_s \upharpoonright n$ 时，总是有 $\Omega_s \upharpoonright n \neq \Omega \upharpoonright n$。

为此考虑程序 $\Phi_e(\tau, d)$：输入 τ, d，Φ_e 逐一计算并比较 ${U^{\mathrm{pf}}}_s(\tau)$ 和 Ω_s，如果发现 s 和 $n \in \mathbb{N}$，满足 $|\tau| < n-d-1$ 且 ${U^{\mathrm{pf}}}_s(\tau)\downarrow = \Omega_s \upharpoonright n$，则输出最小的 $\mu \notin \operatorname{ran} {U^{\mathrm{pf}}}_s$ 并停机。

根据参数定理，存在递归函数 g，使得 $\Phi_{g(e,d)}(\tau) = \Phi_e(\tau, d)$。由递归定理，存在不动点 c_0，使得

$$\Phi_{c_0}(\tau) = \Phi_{g(e,c_0)}(\tau) = \Phi_e(\tau, c_0)。$$

现在假设出现 s 和 $n > |\tau| + c_0 + 1$，使得 $U^{\mathrm{pf}}{}_s(\tau)\downarrow = \Omega_s \upharpoonright n$，就有 $\Phi_{c_0}(\tau) = \mu$，而且 $\mu \notin \operatorname{ran} U^{\mathrm{pf}}{}_s$。显然，$\operatorname{dom} \Phi_{c_0} \subset \operatorname{dom} U^{\mathrm{pf}}$，因而 Φ_{c_0} 是无前束的。请回忆，令 f 是给定的将一般程序 Φ_e 改造为无前束程序 $\Phi_{f(e)} = \Psi_e$ 的递归函数（参见引理5.2.17的证明）。由于 Φ_{c_0} 是无前束的，Φ_{c_0} 与 $\Phi_{f(c_0)} = \Psi_{c_0}$ 等效。

令 $\nu = 1^{c_0}0\tau$，则 $U^{\mathrm{pf}}(\nu) = \Psi_{c_0}(\tau) = \mu$。根据构造，$\mu \notin \operatorname{ran} U^{\mathrm{pf}}{}_s$，因而 $\nu \in \operatorname{dom} U^{\mathrm{pf}} \setminus \operatorname{dom} U^{\mathrm{pf}}{}_s$。故 $\Omega - \Omega_s \geq 2^{-|\nu|} = 2^{-(|\tau|+c_0+1)} > 2^{-n}$，因此 $\Omega_s \upharpoonright n \neq \Omega \upharpoonright n$。 □

5.3　基于测试的刻画

人们关于随机序列的另一种直观是，它们必须满足一些统计学上的要求。例如，1 出现的概率应该和 0 相同，趋向于 1/2，即

$$\lim_{n\to\infty} \frac{\sum_{i=0}^{n} A(i)}{n} = \frac{1}{2}。$$

但 $01010101\cdots$ 显然不是随机的。我们当然可以用另一个统计学要求来排除它，例如，每个第 $2e$、第 $2e+1$ 位上 01 组合出现的概率应该趋向于 1/4。我们可以把这些关于随机序列的统计学直观刻画成一个个测试，用以排除那些不随机的序列。

例 5.3.1　令 $f : \mathbb{N} \to \mathbb{N}$ 是一个严格递增的递归函数。一般认为，如果 Z 是随机序列，那么 Z 不应该是“每第 $f(i)$ 位都是 0”的。为此我们需要构造一个测试来排除这样的序列 A。对每个 k，我们测试是否有对任意 $i \leq k$，$A\big(f(i)\big) = 0$，即：是否 $A \in U_k$，其中

$$U_k = \bigcap_{i \leq k} [\![\{\sigma \in 2^{f(i)+1} : \sigma\big(f(i)\big) = 0\}]\!]^{\prec}。$$

如果存在 $A\big(f(i)\big)=1$ 的情况，A 就此通过测试。而随着 k 的增加，如果 A 仍未通过测试，我们就可以越来越准确地断言（$\lambda(\bigcap_k U_k)=\lim_{k\to\infty}2^{-k}=0$）$A$ 不是随机的：若 $A\in\bigcap_k U_k$，则 A 的“每第 $f(k)$ 位都是 0”。

例 5.3.2 随机序列应该满足大数定律。给定无论多小的正实数 ε，我们可以设计一个测试，来排除其中 1 的数量占比 $\geq 1/2+\varepsilon$ 的序列。

对 $m\in\mathbb{N}$，定义

$$C_m=\Big\{\sigma\in 2^{m+1}:\frac{\sum_{i=0}^m\sigma(i)}{m+1}\geq\frac{1}{2}+\varepsilon\Big\},$$

对 $n\in\mathbb{N}$，定义 $U_n=\bigcup_{m\geq n}[\![C_m]\!]^{\prec}$。直观上，如果 $A\in U_n$，那么存在 $m\geq n$，使得 $A\upharpoonright(m+1)$ 中 1 的占比 $\geq 1/2+\varepsilon$。类似地，一旦 $A\notin U_n$，它就通过了这项测试，而随着 n 的增加，如果仍有 $A\in U_n$，则 A 越来越可能被准确地排除：根据霍夫丁不等式，

$$\lambda([\![C_m]\!]^{\prec})\leq(\mathrm{e}^{-2\varepsilon^2})^m,$$

因而

$$\lambda(U_n)\leq\frac{(\mathrm{e}^{-2\varepsilon^2})^m}{1-\mathrm{e}^{-2\varepsilon^2}},$$

$\lambda(\bigcap_n U_n)=0$。而

$$A\in\bigcap_{n\in\mathbb{N}}U_n\ \Leftrightarrow\ \lim_{n\to\infty}\frac{\sum_{i=0}^n A(i)}{n}\geq\frac{1}{2}+\varepsilon\text{（留作习题5.11）。}$$

5.3.1 马丁-洛夫随机性

关于随机性概念的一种早期刻画尝试正是基于这种想法。统计学家、科学哲学家冯·米泽斯试图将无穷序列的随机性定义为能够通过一系列统计学上的测试（von Mises, 1919）：序列 A 是随机的，当且仅当 A 对任意严格递增的择取函数（selection function）$f:\mathbb{N}\to\mathbb{N}$，都满足

$$\lim_{n\to\infty}\frac{\sum_{i=0}^n A\big(f(i)\big)}{n}=\frac{1}{2}\text{。}$$

但在对可计算性概念的刻画出现之前，他无法严格地定义什么是择取函数。丘奇在（Church, 1940）中借助可计算概念，把“择取函数”限制为严格递增的递归函数。由此得到的随机性概念被称作**丘奇随机**（Church stochastic）。然而，维莱的结果（Ville, 1939）表明，存在丘奇随机序列 A，它的每个前段中 1 的数量都不超过一半。这样的序列不符合我们关于随机的直观。一系列结果似乎提示，仅仅通过罗列越来越强的统计学测试标准，很难得到足够强的随机概念。

马丁-洛夫在（Martin-Löf, 1966）中将冯·米泽斯等人的想法抽象为一种“能行测试”概念——马丁-洛夫测试（Martin-Löf test）。并由此将随机序列定义为通过所有这种能行测试的序列。

请回忆在康托尔空间中，我们称集合 $U \subset 2^\omega$ 是开集，当且仅当存在（无前束的）集合 $E \subset 2^{<\omega}$，使得 $U = [E]^\prec$。我们可以在递归论中将康托尔空间“能行化”。

定义　5.3.3

(1) 称集合 $U \subset 2^\omega$ 是**递归可枚举开集**（或 Σ_1^0 集），当且仅当存在（无前束的）递归可枚举集 $E \subset 2^{<\omega}$，使得 $U = [E]^\prec$。称集合 P 是**余递归可枚举闭集**（或 Π_1^0 集），当且仅当它的补集是递归可枚举开集。[①]

(2) 称开集序列 $\{U_n\}_{n\in\omega}$ 是**统一地递归可枚举的**，当且仅当集合 $\big\{\langle n, \sigma\rangle : [\sigma] \subset U_n\big\}$ 是递归可枚举的。

定义　5.3.4（马丁-洛夫随机性）

(1) 令 $\{U_n\}_{n<\omega}$ 是统一地递归可枚举的开集序列，若对任意 n 有 $\lambda(U_n) \leq 2^{-n}$，则称 $\{U_n\}_{n<\omega}$ 是一个**马丁-洛夫测试**；

(2) 称序列 $Z \in 2^\omega$ **通过马丁-洛夫测试** $\{U_n\}_{n<\omega}$，当且仅当 $Z \notin \bigcap_{n<\omega} U_n$；

① 注意区别于粗体字版的 $\mathbf{\Sigma}_1^0$ 集、$\mathbf{\Pi}_1^0$ 集，后者分别表示开集、闭集。类似于“粗体字”版的波莱尔集分层，我们可以定义“细字”版分层。例如，若 $\{U_n\}_{n\in\omega}$ 是**统一地递归可枚举的**（参见定义5.3.3 (2)），则 $\bigcap_n U_n$ 是 Π_2^0 的。“细字”版分层又被称作能行版的波莱尔集分层。

(3) 定义 $Z \in 2^\omega$ 是**马丁-洛夫随机的**，当且仅当 Z 通过所有的马丁-洛夫测试。

马丁-洛夫测试定义中的有关能行性的限制是必要的，否则所有序列都不是随机的：令 $Z \in 2^\omega$ 是任意序列，$\{[\![Z \upharpoonright n]\!]\}_n$ 本身就是一个开集序列。

我们可以将马丁-洛夫测试定义中关于 $\lambda(U_n) \leq 2^{-n}$ 的要求减弱为只要求存在以正有理数为值域的递归函数 $f : \mathbb{N} \to \mathbb{Q}^+$，且 $\lim_{n\to\infty} f(n) = 0$，使得对任意 $n \in \mathbb{N}$，有 $\lambda(U_n) \leq f(n)$。我们也可以要求 $U_0 \supset U_1 \supset \cdots$。令 $V_n = \bigcap_{m \leq n} U_m$（$n \in \mathbb{N}$），就得到了等价的马丁-洛夫测试，即 $\bigcap_n U_n = \bigcap_n V_n$。

不难发现，例5.3.1和例5.3.2中均给出了各自的马丁-洛夫测试，并以此证明满足相应特性的序列不是随机的。下面的例子则说明所有递归的序列不是马丁-洛夫随机的。

例 5.3.5 假设 $Z \in 2^\omega$ 是递归的。令 $U_n = [\![Z \upharpoonright n]\!]$。显然，$\{U_n\}_{n<\omega}$ 是统一地递归可枚举的，并且 $\lambda(U_n) \leq 2^{-n}$。

5.3.2 与1-随机的等价性证明

下面，我们将证明马丁-洛夫随机与基于不可压缩性刻画的1-随机是等价的。为此我们先证明一个引理。

引理 5.3.6 M 是无前束程序。对 $k \in \mathbb{N}$，令 $S_k = \{\sigma : K_M(\sigma) \leq |\sigma| - k\}$，即 k-可压缩的字符串组成的集合，则

(1) $\lambda([\![S_k]\!]^\prec) \leq 2^{-k}\lambda([\![\mathrm{dom}\, M]\!]^\prec)$；

(2) 对 $k \in \mathbb{N}$，$\lambda([\![S_k]\!]^\prec)$ 可以统一图灵归约于 $\lambda([\![\mathrm{dom}\, M]\!]^\prec)$。

证明 (1) 任给 $\sigma \in S_k$，存在 σ^*，使得 $M(\sigma^*) = \sigma$，并且 $|\sigma^*| \leq |\sigma| - k$。因此，$\lambda([\![S_k]\!]^\prec) = \sum_{\sigma \in S_k} 2^{-|\sigma|} \leq \sum_{\sigma \in S_k} 2^{-(|\sigma^*|+k)} = 2^{-k} \sum_{\sigma \in S_k} 2^{-|\sigma^*|} \leq 2^{-k} \sum_{\tau \in \mathrm{dom}\, M} 2^{-|\tau|} = 2^{-k}\lambda([\![\mathrm{dom}\, M]\!]^\prec)$。

(2) 为计算实数 $\lambda([\![S_k]\!]^\prec)$，任给有理数 $\varepsilon \in \mathbb{Q}^+$，我们希望找到足够接近的有理数 $q \in \mathbb{Q}$，使得 $\lambda([\![S_k]\!]^\prec) - q < \varepsilon$。

现给定 $\varepsilon = 2^{-c}$。枚举 $\operatorname{dom} M$ 直到发现有穷集合 $F \subset \operatorname{dom} M$，使得

$$\lambda([\![\operatorname{dom} M]\!]^{\prec}) - \lambda([\![F]\!]^{\prec}) < 2^{-c+k}。\tag{5.5}$$

令 N_0 为程序 $M \restriction F$（即限制程序 M，仅当输入 F 中字符串时才停机），N_1 为程序 $M \restriction (\operatorname{dom} \setminus F)$。注意：我们调用了 $\lambda([\![\operatorname{dom} M]\!]^{\prec})$ 作为信息源以判断(5.5)。由此，程序 N_i（$i = 0, 1$）才可以能行地从程序 M 和（统一地）从 k 得到。

令 $E_i = \{\sigma : K_{N_i}(\sigma) \leq |\sigma| - k\}$（$i = 0, 1$）。$E_0$ 是有穷的，所以，我们可以计算有理数 $\lambda([\![E_0]\!]^{\prec})$。下面，我们证明 $\lambda([\![E_0]\!]^{\prec})$ 是足够接近的。

注意：$\lambda([\![\operatorname{dom} N_1]\!]^{\prec}) < 2^{-c+k}$。因此，$\lambda([\![E_1]\!]^{\prec}) \leq 2^{-k} \cdot \lambda([\![\operatorname{dom} N_1]\!]^{\prec}) < 2^{-c}$。又由于 $S_k = E_0 \cup E_1$，有

$$\lambda([\![S_k]\!]^{\prec}) - \lambda([\![E_0]\!]^{\prec}) \leq \lambda([\![E_1]\!]^{\prec}) < 2^{-c}。$$

□

定理 5.3.7（施诺尔）　*序列 Z 是马丁-洛夫随机的，当且仅当 Z 是1-随机的。*

证明　$(\Rightarrow)$ 对 $k \in \mathbb{N}$，令

$$U_k = \{A \in 2^{\omega} : \exists n K(A \restriction n) \leq n - k\} = [\![\{\sigma : K(\sigma) \leq |\sigma| - k\}]\!]^{\prec}。\tag{5.6}$$

$\{U_k\}_{k \in \mathbb{N}}$ 是统一地递归可枚举开集。另一方面，根据引理5.3.6，$\lambda(U_k) \leq 2^{-k} \cdot \Omega \leq 2^{-k}$。因此，$\{U_k\}_{k \in \mathbb{N}}$ 是一个马丁-洛夫测试。

Z 是马丁-洛夫随机的，所以 Z 通过上述测试，即 $Z \notin \bigcap_k U_k$，即：存在 $k \in \mathbb{N}$，使得对任意 $n \in \mathbb{N}$，有 $K(Z \restriction n) > n - k$。

$(\Leftarrow)$ 假设马丁-洛夫测试 $\{U_k\}_{k \in \mathbb{N}}$ 见证 Z 不是马丁-洛夫随机的，即 $Z \in \bigcap_k U_k$。

令 E_k 是相应的无前束集合，使得 $U_k = [\![E_k]\!]^{\prec}$。令 $\{\sigma_i^k : i < N_k\}$（$N_k < \mathbb{N}$ 或 $N_k = \mathbb{N}$）是对每个 E_k 的枚举。考虑请求序列

$$\{\langle |\sigma_i^k| - k, \sigma_i^k \rangle : k \in \mathbb{N}, i < N_k\}。$$

我们不妨假设 $\lambda(U_k) = \sum_{i<N_k} 2^{-|\sigma_i^k|} \leq 2^{-2k}$，因而

$$\sum_{k\in\mathbb{N},i<N_k} 2^{-(|\sigma_i^k|-k)} = \sum_{k\in\mathbb{N}} \left(2^k \cdot \sum_{i<N_k} 2^{-|\sigma_i^k|}\right) \leq 1。$$

根据引理5.2.24，存在无前束程序 M 满足上述请求序列。

任给 $b \in \mathbb{N}$。令 $k = b + c_M + 1$。由于 $Z \in U_k$，存在 $\sigma_i^k \prec A$。而此时

$$K(\sigma_i^k) \leq |\sigma_i^k| - (b + c_M + 1) + c_M < |\sigma_i^k| - b。$$

所以，Z 也不是1-随机的。 □

5.3.3 通用马丁-洛夫测试

马丁-洛夫随机性的一个重要特性在于存在通用的马丁-洛夫测试。

定义 5.3.8 我们称一个马丁-洛夫测试 $\{U_n\}_{n\in\omega}$ 是**通用的马丁-洛夫测试**，当且仅当对任意马丁-洛夫测试 $\{V_n\}_{n\in\omega}$，都有 $\bigcap_n V_n \subset \bigcap_n U_n$。

因此，如果序列 Z 通过了一个通用马丁-洛夫测试，那么它就能通过所有马丁-洛夫测试，由此就可以断定它是马丁-洛夫随机的。下面，我们证明存在通用的马丁-洛夫测试。

定理 5.3.9 存在通用马丁-洛夫测试。

证明 首先，我们证明存在对所有马丁-洛夫测试的能行枚举。令

$$\left\{\{U_n^e\}_{n\in\mathbb{N}} : e \in \mathbb{N}\right\}$$

是对所有统一地递归可枚举开集序列的枚举。实际上，我们只是枚举了所有的递归可枚举集 $W_e = \left\{\langle n,\sigma\rangle : [\![\sigma]\!] \subset U_n^e\right\}$。我们可以将每个枚举 W_e 的程序 P_e 能行地改造为程序 Q_e：调用 P_e 枚举 $W_{e,s}$，一旦发现 $\lambda([\![\{\sigma : \langle n,\sigma\rangle \in W_{e,s}\}]\!]^{\prec})$ 有可能超过 2^{-n}，即阻止新的 $\langle n,\sigma\rangle$ 进入。

令 $\{V_n^e\}_{n\in\mathbb{N}}$ 是 Q_e 生成的统一地递归可枚举开集序列，则 $\{V_n^e\}_{n\in\mathbb{N}}$ 是一个马丁-洛夫测试。如果 P_e 生成的 $\{U_n^e\}_{n\in\mathbb{N}}$ 本身是马丁-洛夫测试，那么

$\{U_n^e\}_{n\in\mathbb{N}} = \{V_n^e\}_{n\in\mathbb{N}}$。因此，$\{\{V_n^e\}_{n\in\mathbb{N}} : e \in \mathbb{N}\}$ 是对所有马丁-洛夫测试的能行枚举。

为了构造通用马丁-洛夫测试，令 $U_n = \bigcup_{e\in\mathbb{N}} V_{n+e+1}^e$，则 $\{U_n\}_{n\in\mathbb{N}}$ 是统一地递归可枚举 开集序列，并且 $\lambda(U_n) = \sum_{e\in\mathbb{N}} \lambda(V_{n+e+1}^e) \leq \sum_{e\in\mathbb{N}} 2^{-n-e-1} \leq 2^{-n} \cdot \sum_{e\in\mathbb{N}} 2^{-e-1} \leq 2^{-n}$。因此，$\{U_n\}_{n\in\mathbb{N}}$ 是马丁-洛夫测试。不难验证，它是通用的。 □

事实上，我们在证明马丁-洛夫随机性与1-随机性等价时所定义的测试(5.6)就已经是一个通用的马丁-洛夫测试。假设 $\{U_n\}_{n\in\mathbb{N}}$ 是一个通用的马丁-洛夫测试，那么 $2^\omega \setminus \bigcap_n U_n$ 就是所有马丁-洛夫随机序列组成的集合，这是一个并不复杂的集合。

推论 5.3.10 令 MLR 是所有马丁-洛夫随机序列组成的集合，则 MLR 是一个 Σ_2^0 集合，并且 $\lambda(\mathrm{MLR}) = 1$。

5.4 基于不可预测的刻画

在本节中，我们将介绍第三种对随机性的刻画——基于不可预测性的刻画。不可预测性是人们对随机序列的直观理解。例如，一些计算机学家和物理学家相信基于量子不确定性现象设计的随机数生成器可以生成真正的随机序列，其背后的想法是：（物理上的）不可预测性即随机性。借助是否存在有效的对赌策略，我们可以有效地刻画不可预测性的直观。

首先，我们介绍概念“鞅”（martingale）用以刻画针对 0-1 序列（如硬币的正反面、轮盘的红黑、大小或奇偶等）的对赌策略。

定义 5.4.1 令 $d : 2^{<\omega} \to \mathbb{R}^{\geq 0}$ 是以大于等于 0 的实数为值域的函数。

(1) 我们称 d 是一个**鞅**（martingale），当且仅当对任意 σ，都有

$$d(\sigma) = \frac{d(\sigma 0) + d(\sigma 1)}{2};$$

(2) 我们称 d 是一个**上鞅**（supermartingale），当且仅当

$$d(\sigma) \geq \frac{d(\sigma 0) + d(\sigma 1)}{2};$$

(3) 我们称一个（上）鞅在序列 $Z \in 2^\omega$ 上**获胜**，当且仅当

$$\sup_{n \in \mathbb{N}} d(Z \upharpoonright n) = \infty;$$

(4) 定义（上）鞅 d 的**获胜集**为

$$S[d] = \{A \in 2^\omega : d \text{ 在 } A \text{ 上获胜}\}。$$

直观上，一个鞅 d 就是一个针对 0-1 序列的对赌策略。一般我们要求它在空字符串上的值 $d(\emptyset) > 0$，否则它就只能是一个常值为零的函数。$d(\emptyset)$ 可以被看作是起始筹码的值。起始筹码 $d(\emptyset)$ 的具体值是多少在接下来的讨论中并不重要（见后文引理 5.4.2）。假设玩家押注筹码和庄家对赌投掷硬币的正反面，他将获得押注正确的筹码的双倍作为回报，而押注错误的筹码则归庄家。在第一轮中，玩家根据鞅 d 押注，即：他用 $d(0)/2$ 的筹码押正面（0），而用 $d(1)/2$ 的筹码押反面（1）。注意：所投入的筹码一共有

$$\frac{d(0)}{2} + \frac{d(1)}{2} = d(\emptyset)。$$

我们事后知道第一轮的结果是 $Z(0) = 0$。玩家将在此轮过后收回筹码 $(d(0)/2) \cdot 2 = d(0)$。一般地，如果玩家严格按照 d 押注，而实际的结果是序列 Z，那么，玩家在第 n 轮开始时的筹码正好是 $d(Z \upharpoonright n)$，他会在此轮押 $d\big((Z \upharpoonright n)0\big)/2$ 博 0、押 $d\big((Z \upharpoonright n)1\big)/2$ 博 1，而他将在此轮结束后得到筹码 $d(Z \upharpoonright n+1)$。

上鞅的直观是允许玩家在每轮开始时撤回部分筹码（不下注），如用以改善生活。显然每个上鞅都被一个鞅处处占优，因为只需要把每次撤回的部分全部押注 0 就可以了。

我们列举两个关于鞅的简单事实。下述引理5.4.2表明，如果我们关心的是一个策略能在哪些序列上获胜，那么，初始筹码的数量是无关紧要的；引理5.4.3让我们可以把多个甚至无穷个策略组合起来。

引理 5.4.2 假设 d 是一个（上）鞅，$r \in \mathbb{R}^+$ 是正实数，且函数 $f : 2^{<\omega} \to \mathbb{R}^{\geq 0}$ 满足 $f = r \cdot d$（即：对所有 $\sigma \in 2^{<\omega}$，有 $f(\sigma) = r \cdot d(\sigma)$），那么 f 是一个（上）鞅，且 $S[d] = S[f]$。

证明　留作习题5.17。　□

引理　5.4.3　若 $d_0, d_1, \cdots$ 是（上）鞅，并且 $\sum_n d_n(\emptyset) < \infty$，则 $\sum_n d_n$（即函数 d，$d(\sigma) = \sum_n d_n(\sigma)$）也是（上）鞅。

证明　留作习题5.18。　□

引理　5.4.4（维莱）　假设 d 是一个（上）鞅。

(1) 对任意 $\sigma \in 2^{<\omega}$、任意由 σ 的尾节延伸组成的无前束集合 S，都有

$$\sum_{\tau \in S} 2^{-|\tau|} d(\tau) \leq 2^{-|\sigma|} d(\sigma);$$

(2) 令 $E_k = \{\sigma : d(\sigma) \geq k\}$，则 $\lambda([\![E_k]\!]^{\prec}) \leq d(\emptyset)/k$。

证明　(1) 首先，对 $i = 0, 1$，有

$$\frac{d(\sigma i)}{2} \leq \frac{d(\sigma i) + d\big(\sigma(i-1)\big)}{2} \leq d(\sigma)。$$

由此可以通过对字符串的长度差 $|\tau| - |\sigma|$ 归纳证明：如果 $\sigma \preceq \tau$，那么

$$2^{-|\tau|+|\sigma|} \cdot d(\tau) \leq d(\sigma),$$

即

$$2^{-|\tau|} \cdot d(\tau) \leq 2^{-|\sigma|} d(\sigma)。 \tag{5.7}$$

注意：这正是 $|S| = 1$ 的情况。接下来假设 $|S| = n$ 时成立，我们来证明 $|S| = n + 1$ 时也成立。

令 $|S| = n + 1$。令 $\nu \succeq \sigma$ 是最长的字符串，使得每个 S 中的字符串都是 ν 的尾节延伸。令 $S_i = \{\tau \in 2^{<\omega} : \tau \succeq \nu i\} \cap S$（$i = 0, 1$），则 S_0 与 S_1 都不是空集，否则 $\nu 1$ 或 $\nu 0$ 才是最长的。因此，$1 \leq |S_i| \leq n$（$i = 0, 1$）。根据归纳假设，有

$$\sum_{\tau \in S_i} 2^{-|\tau|} \cdot d(\tau) \leq 2^{-|\nu|-1} \cdot d(\nu i) \qquad (i = 0, 1)。$$

因此，$\sum_{\tau\in S} 2^{-|\tau|}\cdot d(\tau) \leq 2^{-|\nu|-1}(d(\nu0)+d(\nu1)) \leq 2^{-|\nu|}\cdot d(\nu) \leq 2^{-|\sigma|}\cdot d(\sigma)$。后两个不等式成立分别根据（上）鞅的定义和(5.7)可得。

如果 $S=\{\tau_0,\tau_1,\cdots\}$ 是无穷的，且 $\sum_{i\in\mathbb{N}} 2^{-|\tau_i|}\cdot d(\tau_i) > 2^{-|\sigma|}\cdot d(\sigma)$，那么已经存在 n，使得 $\sum_{i=0}^{n} 2^{-|\tau_i|}\cdot d(\tau_i) > 2^{-|\sigma|}\cdot d(\sigma)$。因此，证明 S 是有穷的情况就足够了。

(2) 令 $F\subset E_k$ 是无前束集合，且 $[F]^{\prec}=[E_k]^{\prec}$，那么，

$$\lambda([F]^{\prec}) = \sum_{\tau\in F} 2^{-|\tau|} \leq \sum_{\tau\in F} 2^{-|\tau|}\cdot\frac{d(\tau)}{k} \leq \frac{d(\emptyset)}{k}。$$

后两个不等式成立分别由于 $d(\tau)\geq k$ 和引理5.4.4的 (1)。 □

类似马丁-洛夫测试定义中对能行性的限制，如果希望把随机性定义为不存在某种能够获胜的鞅，我们也必须借助递归论的概念来限制所考虑的鞅类。

定义 5.4.5 我们称一个（上）鞅是**递归可枚举的**，当且仅当它的值是统一地左递归可枚举的，即：存在递归函数 $p:2^{<\omega}\to\mathbb{N}$，任给 $\sigma\in 2^{<\omega}$，递归可枚举集合 $W_{p(\sigma)}$ 枚举所有小于 $d(\sigma)$ 的二进有理数。

定理 5.4.6（施诺尔） 序列 Z 是马丁-洛夫随机的，当且仅当不存在递归可枚举的（上）鞅在 Z 上获胜。

证明 首先，由于每个递归可枚举的上鞅都被一个递归可枚举的鞅处处占优，所以，是否存在这样的鞅或上鞅在 Z 上获胜是等价的。

($\Rightarrow$) 给定 $Z\in 2^{\omega}$。反设存在一个递归可枚举的（上）鞅 d，使得 $Z\in S[d]$。不妨设 $d(\emptyset)=1$。我们定义一个马丁-洛夫测试 $\{U_n\}_{n\in\mathbb{N}}$，使得 $Z\in\bigcap_n U_n$。

对 $n\in\mathbb{N}$，令 $U_n=[\{\sigma:d(\sigma)\geq 2^n\}]^{\prec}$。根据引理 5.4.4，有

$$\lambda(U_n)\leq\frac{d(\emptyset)}{2^n}=2^{-n}。$$

由于 d 是递归可枚举的（上）鞅，$\{U_n\}_{n\in\mathbb{N}}$ 是统一地递归可枚举的：我们试图逼近每个 $d(\sigma)$，一旦发现某个 $d(\sigma)\geq 2^n$（如果确实这样，我们总能发现），就将该 σ 列入 U_n 的基。因此，$\{U_n\}_{n\in\mathbb{N}}$ 的确是马丁-洛夫测试。

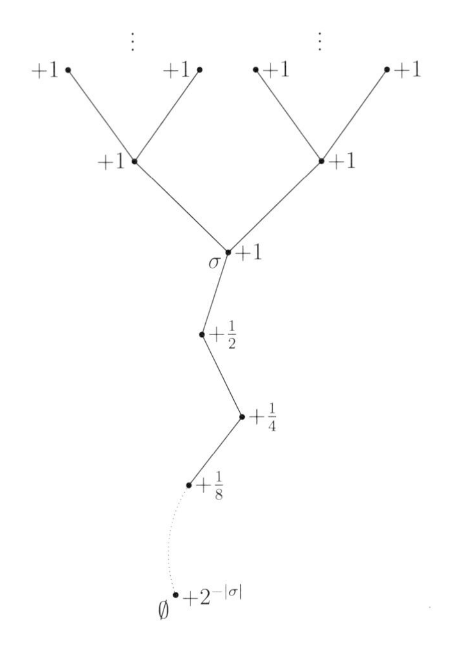

图 5.3　对 d_n 值的一次逼近

由于 $Z \in S[d]$，对任意 n 存在 m，使得 $d(Z \upharpoonright m) \geq 2^n$，即 $Z \in U_n$。因此，$Z \in \bigcap_n U_n$，Z 不是马丁-洛夫随机 的。

$(\Leftarrow)$ 反设存在马丁-洛夫测试 $\{U_n\}_{n\in\mathbb{N}}$，使得 $Z \in \bigcap_n U_n$。令 $\{E_n\}_{n\in\mathbb{N}}$ 是统一地递归可枚举集序列，每个 E_n 是无前束的，且 $U_n = [\![E_n]\!]^{\prec}$。

我们设计一系列的鞅 d_n，分别押注 Z 将进入 U_n。我们将给出统一的能行方法逼近每个 d_n 的每个值。

初始时，令每个 d_n 都是常值为 0 的常函数。接下来统一地枚举 $\{E_n\}_{n\in\mathbb{N}}$，即枚举集合 $\{\langle n,\sigma\rangle : \sigma \in E_n\}$。一旦发现某个 σ 进入某个 E_n，就以下述方式增加 d_n 对 σ 的押注：对所有 $\tau \succeq \sigma$，令 $d_n(\tau)$ 的值 $+1$；而对 $k < |\sigma|$，令 $d_n(\sigma \upharpoonright k)$ 的值 $+2^{k-|\sigma|}$，如图 5.3 所示。显然这样能行地逼近能够确保每个 d_n 是鞅。

令 $d=\sum_n d_n$，则

$$
\begin{aligned}
d(\emptyset) &= \sum_{n\in\mathbb{N}}\sum_{\sigma\in E_n} 2^{-|\sigma|} = \sum_{n\in\mathbb{N}} \lambda([\![E_n]\!]^{\prec}) \\
&= \sum_{n\in\mathbb{N}} \lambda(U_n) \le \sum_{n\in\mathbb{N}} 2^{-n} < \infty。
\end{aligned}
$$

因此，d 是一个鞅，并且 d 是递归可枚举的。

由于 $Z\in\bigcap_n U_n$，对每个 n 都有 $Z\in\bigcap_{i<n} U_i$，因而存在 k_n，使得对每个 $i<n$ 都有 $\sigma_i\in E_i$ 满足 $Z\upharpoonright k_n\succeq\sigma_i$。这 n 个 σ_i 都会被枚举出来，因而 $d(Z\upharpoonright k_n)\ge n$。所以 $Z\in S[d]$。 □

推论 5.4.7 *存在通用的递归可枚举鞅 d，即：对任何递归可枚举鞅 f，都有 $S[f]\subset S[d]$。*

证明 令 $\{U_n\}_{n\in\mathbb{N}}$ 是一个通用马丁-洛夫测试。利用定理5.4.6证明中的方法构造相应的鞅 d，使得 $\bigcap_n U_n\subset S[d]$。

任给递归可枚举的鞅 f，如果序列 $A\in S[f]$，那么 A 不是马丁-洛夫随机的，因而 $A\in\bigcap_n U_n\subset S[d]$。 □

至此，我们基于 3 种来自不同方向的直观，分别给出一个对随机性概念的刻画，并证明这 3 种刻画都是等价的。这似乎与人们在试图刻画可计算性概念时发生的情况一样。这是否意味着人们关于随机性概念的刻画获得了圆满的结果？然而，对马丁-洛夫随机性概念的质疑始终存在。例如，柴廷数 Ω 是随机的，也是左递归可枚举的。存在能行的方法从小到大逼近一个随机数，似乎有悖于人们的直观。马丁-洛夫随机似乎太弱了。为此，人们通过放宽马丁-洛夫测试的能行性条件，得到了更强的随机性概念。另一方面，施诺尔等人认为马丁-洛夫随机性概念太强了。他通过要求更符合能行性直观的鞅以及更严格的获胜集，得到了更弱的随机性概念。这些随机性概念大多都有来自不可压缩性、统计学测试和不可预测性的等价刻画，并且都能得到一定的直观辩护。与可计算性概念不同，更可能的情况是，我们没有一个标准的随机性概念，而是有一个随机性概念的谱系。

逻辑学家对随机性的研究与计算机学家或统计学家的工作相比要更晚近。索罗维的“传奇手稿”（Downey and Hirschfeldt, 2010）对于推动逻辑学家参与对随机性的研究具有重要意义。后来的研究表明，随机性与经典递归论的联系不仅仅在于随机性概念的刻画中用到来自递归论的能行性概念，而且有更深刻的互动。似乎只有结合由可计算性与随机性这两个不同维度的概念发展起来的理论，才能帮助我们更完整地理解自然数集（无穷 0-1 序列、实数）的世界。

5.5　习题

5.1 节习题

5.1　在康托尔空间下，下列命题等价：

(1) $U \subset 2^{\omega}$ 是开集；

(2) 存在无前束字符串集 $E \subset 2^{<\omega}$，使得 $U = [\![E]\!] = \bigcup \{[\![\sigma]\!] : \sigma \in E\}$。

5.2　假设 E，$F \subset 2^{<\omega}$ 是无前束集合，且 $[\![E]\!]^{\prec} = [\![F]\!]^{\prec}$。证明：

$$\sum_{\sigma \in E} \lambda([\![\sigma]\!]) = \sum_{\tau \in F} \lambda([\![\tau]\!])。$$

【提示：给定字符串 σ。假设 E_{σ} 是无前束的，且 $[\![\sigma]\!] = [\![E_{\sigma}]\!]^{\prec}$。由于 $[\![\sigma]\!]$ 是紧致的，E_{σ} 必须是有穷的。对 $|E_{\sigma}|$ 归纳证明 $2^{-|\sigma|} = \sum_{\tau \in E_{\sigma}} 2^{-|\tau|}$。】

5.2 节习题

5.3　证明命题5.2.13。

5.4　证明命题5.2.19和命题5.2.20。

5.5　令 $A \subset 2^{<\omega}$ 是有穷的字符串集，那么对每个字符串 τ 都存在 $\sigma \in A$，使得 $C(\sigma|\tau) \geq \log |A|$。

5.6　证明命题5.2.30。

5.7　证明命题5.2.31，所有递归可枚举的序列都是左递归可枚举的。

5.8 证明例5.2.32中的 A 是左递归可枚举但不是递归可枚举的。

5.9 对任意序列 $Z \in 2^\omega$，定义 Z 是**右递归可枚举**的，当且仅当 $R(Z) = \{\sigma : Z <_L \sigma\}$ 是递归可枚举的。证明：序列 $Z \in 2^\omega$ 是递归的，当且仅当 Z 既是左递归可枚举的，也是右递归可枚举的。

5.10 定义 $\hat{\Omega} = \sum_{\sigma \in 2^{<\omega}} 2^{-K(\sigma)}$。证明：$\hat{\Omega}$ 是左递归可枚举的，并且是1-随机 的。

5.3 节习题

5.11 证明：例5.3.2中的命题

$$A \in \bigcap_{n \in \mathbb{N}} U_n \Leftrightarrow \lim_{n \to \infty} \frac{\sum_{i=0}^{n} A(i)}{n} \geq \frac{1}{2} + \varepsilon。$$

5.12 令 U 是一个递归可枚举开集。证明：存在递归的无前束集合 $E \subset 2^{<\omega}$，使得 $U = [E]^{\prec}$。

【提示：考虑递归可枚举集 $W_e = \{\sigma \in 2^{<\omega} : [\sigma] \subset U\}$，令 $W_{e,s}^* = \{\sigma \in 2^s : [\sigma] \subset [W_{e,s}]^{\prec} \wedge \forall t < s[\sigma] \not\subset [W^*e, t]^{\prec}\}$。】

5.13 证明：统一地递归可枚举的开集序列 $\{U_n\}_{n<\mathbb{N}}$ 是马丁-洛夫测试，当且仅当存在 $f : \mathbb{N} \to \mathbb{Q}^+$，且 $\lim_{n \to \infty} f(n) = 0$，使得对任意 $n \in \mathbb{N}$，有 $\lambda(U_n) \leq f(n)$。

5.14 令 $P \subset 2^\omega$ 是余递归可枚举闭集，且 $\lambda(P) = 0$。证明：存在马丁-洛夫测试 $\{U_n\}_{n<\mathbb{N}}$，使得 $P \subset \bigcap_n U_n$。

【提示：假设 $P = 2^\omega \setminus [W_e]^{\prec}$，定义 $P_n = [\{\sigma \in 2^s : \sigma \in W_{e,s}\}]^{\prec}$。】

5.15 如果统一地递归可枚举开集序列 $\{S_n\}_{n \in \mathbb{N}}$ 满足 $\sum_{n \in \mathbb{N}} \lambda(S_n) < \infty$，则称 $\{S_n\}_{n \in \mathbb{N}}$ 是一个**索罗维测试**。我们称序列 Z 是**索罗维随机的**，当且仅当对每个索罗维测试 $\{S_n\}_{n \in \mathbb{N}}$，至多存在有穷个 S_n 包含 Z。证明：序列 Z 是索罗维随机的，当且仅当它是马丁-洛夫随机的。

【提示：假设 $\{S_n\}_{n \in \mathbb{N}}$ 是索罗维测试，考虑马丁-洛夫测试 $\{U_n\}_{n \in \mathbb{N}}$：$U_k = [\{\sigma :$ 存在至少不少于 2^k 个 $n > m$，使得 $[\sigma] \subset S_n\}]^{\prec}$。】

5.16　假设 $f:\mathbb{N}\to\mathbb{N}$ 是一一的递归函数，$Z\in 2^\omega$ 是马丁-洛夫随机的。证明：$Y=f^{-1}[Z]$（即：$Y(n)=1$ 当且仅当 $Z\big(f(n)\big)=1$）也是马丁-洛夫随机的。

5.4 节习题

5.17　证明引理 5.4.2。

5.18　证明引理 5.4.3。

5.19　定义递归可枚举的（上）鞅 d 是**最优的**，当且仅当对任意递归可枚举的（上）鞅 f 存在常量 c_f，使得对任意 $\sigma\in 2^{<\omega}$，有 $c\cdot d(\sigma)\geq f(\sigma)$。

(1) 证明：最优的递归可枚举（上）鞅都是通用（上）鞅。

(2) 证明：存在最优的递归可枚举上鞅。

【提示：枚举所有的递归可枚举上鞅 d_e，其中每个 d_e 满足 $d_e(\emptyset)\leq 1$。】

(3) 不存在对所有递归可枚举鞅的能行枚举。

【提示：假设存在这样的枚举，那么也可以枚举所有的非常值为零的鞅：$\{d_e:e\in\mathbb{N}\}$，利用对角线法定义鞅 d 与所有 d_e 都不同。例如，对任何 e，d_e 在长度为 $e+1$ 的序列中总有非零值 $d_e(\sigma)>0$，令 $d(\sigma)<d_e(\sigma)$。注意保持 d 是递归可枚举的。该结果提示鞅与上鞅并不是在递归论所关心的所有情况下都可以互换的。】

(4) 不存在最优的递归可枚举鞅。

【提示：任给递归可枚举的鞅 d，试图统一地逼近一系列鞅：$\{f_n:n\in\mathbb{N}\}$。其中每个 $f_n(\emptyset)=1$，且对每个 n 存在 σ，使得 $f_n(\sigma)\geq 2^{2n}$。由此 $f=\sum_n f_n$ 就是我们所要的见证 d 不是最优的递归可枚举鞅。逼近每个 f_n 时可以采取孤注一掷的极端策略。】

参考文献

郝兆宽, 杨睿之, 杨跃, 2014. 数理逻辑：证明及其限度（逻辑与形而上学系列）. 复旦大学出版社, 上海.

郝兆宽, 杨跃, 2014. 集合论：对无穷概念的探索（逻辑与形而上学系列）. 复旦大学出版社, 上海.

Agrawal, M., Kayal, N., and Saxena, N., 2004. Primes is in p. *Annals of mathematics*, pages 781–793.

Borel, É., 1913. La mécanique statique et l'irréversibilité. *J. Phys. Theor. Appl.*, 3(1):189–196.

Church, A., 1940. On the concept of a random sequence. *Bulletin of the American Mathematical Society*, 40:130–135.

Cutland, N. J., 1980. *Computability: An Introduction to Recursive Function Theory*. Cambridge University Press, Cambridge.

Darling, D., 2004. *The Universal Book of Mathematics: From Abracadabra to Zeno's Paradoxes*. John Wiley & Sons Inc., New Jersey.

Davis, M., 1973. Hilbert's tenth problem is unsolvable. *The American Mathematical Monthly*, 80.

Downey, R. G. and Hirschfeldt, D. R., 2010. *Algorithmic Randomness and Complexity*. Springer, New York.

Gödel, K., 1931. Über formal unentscheidbare Sätze der Principia Mathematica und verwandter Systeme I. *Monatsh. Math. Phys.*, 38(1):173–198.

Kolmogorov, A. N., 1963. On tables of random numbers. *Sankhyā: The Indian Journal of Statistics, Series A*, 369–376.

Lehrer, J., 2010. *How We Decide*. Houghton Mifflin Harcourt, New York.

Lerman, M., 1983. *Degrees of Unsolvability:Local and Global Theory* (Perspectives in Mathematical Logic). Springer-Verlag, Heidelberg.

Levin, L. A., 1971. *Some Theorems on the Algorithmic Approach to Probability Theory and Information Theory*. PhD thesis, Moscow University.

Martin-Löf, P., 1966. The definition of random sequences. *Information and Control*, 9(6):602–619.

Matijasevich, Y., 1993. *Hilbert's Tenth Problem*. The MIT Press, Cambridge.

Nies, A., 2009. *Computability and Randomness*. Oxford University Press, New York.

Post, E. L., 1944. Recursively enumerable sets of positive integers and their decision problems. *Bulletin of the American Mathematical Society*, 50(5):284–316.

Rogers, Jr. H., 1967. *Theory of Recursive Functions and Effective Computability*. McGraw-Hill, New York.

Shore, R. A., 1979. The homogeneity conjecture. *Proceedings of the National Academy of Sciences*, 76(9):4218–4219.

Soare, R. I., 1987. *Recursively Enumerable Sets and Degrees*. Springer–Verlag, Heidelberg.

Soare, R. I., 2016. *Turing Computability: Theory and Applications* (Theory and Applications of Computability). Springer, Berlin.

Turing, A. M., 1936. On computable numbers with an application to the Entscheidungsproblem. *Proc. London Math. Soc.*, 42(3):230–265. A correction, 43:544–546.

Turing, A. M., 1939. Systems of logic based on ordinals. *Proc. London Math. Soc.*, 45(3):161–228.

Ville, J., 1939. *Étude critique de la notion de collectif: Thèses de l'entre-deux-guerres.* Numdam, Paris.

von Mises, R., 1919. Grundlagen der Wahrscheinlichkeitsrechnung. *Mathematische Zeitschrift*, 5(1):52–99.

符号索引

术语索引

人名索引

图书在版编目(CIP)数据

递归论:算法与随机性基础/郝兆宽,杨睿之,杨跃著.—上海:复旦大学出版社, 2018.10
逻辑与形而上学教科书系列
ISBN 978-7-309-14018-7

Ⅰ.①递… Ⅱ.①郝…②杨…③杨… Ⅲ.①递归论-高等学校-教材 Ⅳ.①O141.3

中国版本图书馆 CIP 数据核字(2018)第 241285 号

递归论:算法与随机性基础
郝兆宽 杨睿之 杨 跃 著
责任编辑/梁 玲

复旦大学出版社有限公司出版发行
上海市国权路 579 号 邮编:200433
网址:fupnet@fudanpress.com http://www.fudanpress.com
门市零售:86-21-65642857 团体订购:86-21-65118853
外埠邮购:86-21-65109143
上海盛通时代印刷有限公司

开本 787×960 1/16 印张 14 字数 245 千
2018 年 10 月第 1 版第 1 次印刷

ISBN 978-7-309-14018-7/O·664
定价:39.00 元